数字生活轻松入门

创建网站

晶辰创作室　赵　妍　编著

科学普及出版社

·北　京·

图书在版编目（CIP）数据

创建网站 / 晶辰创作室，赵妍编著. --北京：
科学普及出版社，2020.6
（数字生活轻松入门）
ISBN 978-7-110-09640-6

Ⅰ．①创… Ⅱ．①晶… ②赵… Ⅲ．①网页制作工具—普及读物
Ⅳ．①TP393.092

中国版本图书馆 CIP 数据核字（2017）第 181274 号

策划编辑	徐扬科
责任编辑	吕　鸣
封面设计	中文天地　宋英东
责任校对	杨京华
责任印制	徐　飞

出　　版	科学普及出版社
发　　行	中国科学技术出版社有限公司发行部
地　　址	北京市海淀区中关村南大街 16 号
邮　　编	100081
发行电话	010 – 62173865
传　　真	010 – 62173081
网　　址	http://www.cspbooks.com.cn

开　　本	710 mm ×1000 mm　1/16
字　　数	191 千字
印　　张	9.75
版　　次	2020 年 6 月第 1 版
印　　次	2020 年 6 月第 1 次印刷
印　　刷	北京博海升彩色印刷有限公司

书　　号	ISBN 978-7-110-09640-6/TP・232
定　　价	48.00 元

（凡购买本社图书，如有缺页、倒页、脱页者，本社发行部负责调换）

"数字生活轻松入门"丛书编委会

主　编

陈晓明　宋建云　王　潜

副主编

朱元秋　赵　妍　王农基　王　冠　顾金元

编　委

赵爱国　田原铭　徐　淼　何　谷　杨志凌　孙世佳　张　昊

张　开　刘鹏宇　刘宏伟　刘小青　姚　鹏　刘敏利　周梦楠

胡　法　王义平　朱鹏飞　赵乐祥　朱元敏　马洁云　王　敏

王　硕　吴　鑫　朱红宁　马玉民　王九锡　谢庆恒

前　言

　　随着信息化时代建设步伐的不断加快，互联网及互联网相关产业以迅猛的速度发展起来。短短的二十几年，个人电脑由之前的奢侈品变为现在的必备家电，电脑价格也从上万元降到现在的三四千元，网络宽带已经连接到千家万户，包月上网费用从前些年的一百五六十元降到现在的五六十元。可以说电脑和互联网这些信息时代的工具已经真正进入寻常百姓之家了，并对人们日常生活的方方面面产生了深刻的影响。

　　电脑与互联网及其伴生的小兄弟智能手机——也可以认为它是手持的小电脑，正在成为我们生活中不可或缺的元素，曾经的"你吃了吗"的问候变成了"今天发微信了吗"；小朋友之间闹别扭的台词也从"不和你玩了"变成了"取消关注"；"余额宝的利息今天怎么又降了"俨然成了一些时尚大妈的揪心话题……

　　因我们的丛书主要介绍电脑与互联网知识的使用，这里且容略去与智能手机有关的表述。那么，电脑与互联网的用途和影响到底有多大？让我们随意截取几个生活中的侧影来感受一下吧！

　　我们可以通过电脑和互联网即时通信软件与他人沟通和

交流，不管你的朋友是在你家隔壁还是在地球的另一端，他（她）的文字、声音、容貌都可以随时在你眼前呈现。在互联网世界里，没有地理的概念。

电子邮件、博客、播客、威客、BBS……互联网为我们提供了充分展示自己的平台，每个人都可以通过文字、声音、影像表达自己的观点，探求事情的真相，与朋友分享自己的喜怒哀乐。互联网就是这样一个完全敞开的世界，人与人的交流没有界限。

或许往日平淡无奇的日常生活使我们丧失了激情，现在就让电脑和互联网来把热情重新点燃吧。

你可以凭借一些流行的图像处理软件制作出具有专业水准的艺术照片，让每个人都欣赏你的风采；你也可以利用数字摄像设备和强大的软件编辑工具记录你生活的点点滴滴，让岁月不再了无印迹。网络上有着极其丰富的影音资源：你可以下载动听的音乐，让美妙的乐声给你带来一处闲适的港湾；你也可以在劳累一天离开纷扰的职场后，回到家里第一时间打开电脑，投入到喜爱的热播电视剧中，把工作和生活的烦恼一股脑儿地抛在身后。哪怕你是一个离群索居之人，电脑和网络也不会让你形单影只，你可以随时走进网上的游戏大厅，那里永远会有愿意与你一同打发寂寞时光的陌生朋友。

当然，电脑和互联网不仅能给我们带来这些精神上的慰藉，还能给我们带来丰厚的物质褒奖。

有空儿到购物网站上去淘淘宝贝吧，或许你心仪已久的宝贝正在打着低低的折扣呢，轻点几下鼠标，就能让你省下一大笔钱！如果你工作繁忙，好久没有注意自己的生活了，那就犒劳一下自己吧！但别急着冲进饭店，大餐的价格可是不菲呀。到网上去团购一张打折券，约上三五好友，尽兴而归，也不过两三百元。

或许对某些雄心勃勃的人士来说就这么点儿物质褒奖还远远不够——我要开网店，自己当老板，实现人生的财富梦想！的确，网上开放式的交易平台让创业更加灵活便捷，相对实体店铺，省去了高额的店铺租金，况且不受地域及营业时间限制，你可以在 24 小时内把商品卖到全中国乃至世界各地！只要你有眼光、有能力、有毅力，相信实现这一梦想并非遥不可及！

利用电脑和互联网可以做的事情还有太多太多，实在无法一一枚举，但仅仅这几个方面就足以让人感到这股数字化、信息化的发展潮流正在使我们的世界发生着巨大的改变。

为了帮助更多的人更好更快地融入这股潮流，2009 年在科学普及出版社的鼓励与支持下，我们编写出版了"热门电脑丛书"，得到了市场较好的认可。考虑到距首次出版已有十年时间，很多软件工具和网站已经有所更新或变化，一些新的热点正在社会生活中产生着较大影响，为了及时反映这些新变化，我们在丛书成功出版的基础上对一些热点板块进行了重新修订和补充，以方便读者的学习和使用。

在此次修订编写过程中，我们秉承既往的理念，以提高生活情趣、开拓实际应用能力为宗旨，用源于生活的实际应用作为具体的案例，尽量用最简单的语言阐明相关的原理，用最直观的插图展示其中的操作奥妙，用最经济的篇幅教会你一项电脑技能，解决一个实际问题，让你在掌握电脑与互联网知识的征途中有一个好的起点。

晶辰创作室

目　录

随着信息化时代的不断发展，互联网的应用越来越普及，网络的速度也越来越快。现在，网络已经渗透到我们日常生活的方方面面。通过鼠标的指指点点，就能将一个遥远的世界展现在我们面前，仿佛地球变得越来越小了。也许你现在就在浏览网上各式各样的商业或个人网站。这些站点的页面都设计得非常精美，让你在获取信息的同时，还能得到美的享受。

如此吸引人的页面，是怎么制作出来的呢？你是否也想亲手制作一个精美的个人网站，融入网络的虚拟世界中去，在网络世界里拥有一片属于自己的天空呢？如果你的答案是肯定的，那么请打开电脑，让我们开始神奇的建站之旅吧！

第一章

初识网站及建站工具

本章学习目标

◇ **认识网站**

   了解互联网的一些基本概念和常用专业名词，为进一步学习相关知识打下基础。

◇ **网页元素**

   介绍网页的组成部分以及各网页元素的基本功能。

◇ **建站 123**

   "没有规矩，无以成方圆"，介绍制作网站时通常遵循的工作流程。

◇ **制作工具**

   简单介绍创建网站需要的工作环境及常用工具。

◇ **安装 Dreamweaver CS4**

   介绍安装 Dreamweaver CS4 的操作步骤。

◇ **安装 Photoshop CS4**

   介绍安装 Photoshop CS4 的操作步骤。

◇ **安装 Flash CS4**

   介绍安装 Flash CS4 的操作步骤。

认识网站

如果你刚接触互联网，那么首先应了解一些互联网的基本概念和常用的专业名词，从概念上对互联网形成一个基本的认识，为接下来进一步深入学习打下基础。

网站一般由网页、网页空间和网址 3 个基本部分组成。本节先对网页的基本概念进行介绍，网页空间和网址的相关概念将在本章后面的小节中介绍。

网页是一种可以在互联网上传输并被浏览器认识和翻译成页面显示的文件。一个网站通常由很多个网页组成，其中有一个特殊的网页，它是互联网用户访问这个网站时看到的第一个 Web 页面，我们称其为该网站的首页或主页（Homepage 或 Home Page）。我们可以通过单击某个网页上的超级链接（Hyper Link）跳转到其他网页上进行浏览。图 1-1 演示了这个过程。

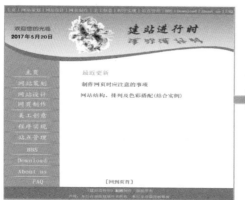

图 1-1　单击链接进行页面跳转

网站通过网页传递信息，也可以说，网页是浏览者与网站开发人员（也就是你）沟通、交流的窗口。合理的网页布局、新颖的网页创意、协调的网页配色、悦耳的背景音乐以及生动有趣的Flash动画等，都可以使你的网站从众多的网站中脱颖而出，使访问者印象深刻、流连忘返，这些对于宣传网站、扩大网站的影响力也能起到很大的作用。

网页的布局和创意设计，就是将网页的基本组成元素合理地安排在页面内。我们可以把网页看成一份报纸、一本杂志或者一张海报那样进行设计，如图 1-2 所示。这与传统的报纸、杂志的编辑是相通的。

精心设计的网页，能以其优美的视觉形象构成形态美观、富有韵味的设计格调与良好的印象效果，给访问者以特殊的心理接触感觉，从而提高网页的视觉吸引力，激发访问者的浏览兴趣，延长访问者的持续阅读耐力。在后续章节中我们将具体介绍如何进行网页设计。

图 1-2 充满设计感的网页

网页按查看方式可分为文件形式和显示形式（图 1-3）。

● **文件形式**：网页可以使用任意文本编辑器，如记事本、写字板、Word等进行处理，其格式是文本形式且后缀必须是htm或html，见图 1-3(a)。

● **显示形式**：编写完成的网页文件经过浏览器解释后，显示出来的效果与文本文件形式的效果将大不一样，它可能变成一个图文并茂的网页，见图 1-3(b)。

(a) 文件形式　　　　　　　　　　(b) 显示形式

图 1-3 网页不同的查看方式

网页元素

互联网上的网页，类型变化多端、内容千差万别、形式多种多样、组成丰富多彩。按网页布局设计的分布方式来分，一般网页都包含：页面标题、网站标志（LOGO）、页眉、导航栏、内容版块和页脚等部分。参见图1-4和图1-5。

1．网页标题：每个网页都有一个标题，用来标识网页、反映网页的主要内容。

当我们浏览网页时，网页的标题会显示在浏览器窗口顶部的标题栏中。在设计网页时，一些网页制作软件如Dreamweaver，一般会自动为网页文件指定"无标题文档"或"未命名"作为网页的默认标题。显然，这样的标题是毫无意义的。我们在设计网页时，应该养成给网页指定标题的习惯，使浏览者通过标题就能了解网页的大体内容。

图1-4　网页元素1

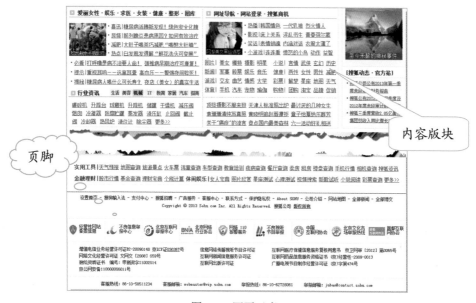

图1-5　网页元素2

2．网站标志（LOGO）：也称网站徽标，应能体现网站的特色和内涵。如果是企业的网站，网站标志常常采用企业的标志或者注册商标。一个充满设计感的

LOGO可以给浏览者留下深刻的印象，在网站和企业的宣传推广中起到重要的作用。

3．页眉：通常位于水平导航栏上面。有些网页的页眉比较明显，有些网页则没有明确的划分，有的甚至没有页眉。通常，页眉的左半部分用于放置LOGO，右半部分往往是网页的服务宗旨，或者是商业广告。由于页眉是浏览者打开网页时首先看到的部分，可谓黄金位置，因此商业网站大多将其作为广告位出租。页眉的设计风格应该与页面的整体风格保持一致。

4．导航栏：是网页的重要组成元素，它的任务是帮助浏览者在站点内快速查找信息。好的导航系统应该能够引导浏览者尽情浏览网页而不会迷失方向。导航栏的形式多种多样，可以是简单的文字链接，也可以是设计精美的图片，或者是形态多变的按钮，还可以是拥有下拉菜单的导航系统。

5．内容版块：内容版块是网站的主体，往往根据内容类型将其划分为不同的栏目。每个栏目中可以放置内容标题的链接或者内容摘要。内容的具体表现形式包括文字、图像及动画等。页面的内容才是浏览者最重要的关注点，因此应该对内容版块进行合理安排、精心设计。

> 提示 导航栏在页面中的位置相对固定，一般分布在页面的上、下、左、右，在页面上部的居多。在设计自由的页面中，导航栏的放置位置则比较灵活。

● 文字：是网页发布信息时常用的表现形式。由于以文字为主要内容的网页文件占用空间小，因此，当用户浏览时，可以很快地展现在用户面前。另外，文字类网页还可以通过浏览器【文件】菜单下的【另存为】命令将其下载（图1-6），以便于随时阅读，也可对其进行编辑、打印。但是纯文字网页，又容易给人死板、不活泼的感觉，使网友不一定愿意继续浏览。所以，文字性网页一定要注意编排技巧，包括：标题的字体、字号，内容的层次、样式，以及变换颜色进行点缀等。

图1-6 保存网页

● 图像：这里图像的概念是广义的，它可以是绘制的图形，可以是各种图片，还可以是动画。一个优秀的网页，除了要有能吸引浏览者的文字形式和内容外，图像的表现功能也是不能低估的。由于网络对文件大小的要求非常苛刻，因此，在网页中最好使用压缩比非常高的GIF（图形交换格式）、JPEG（联合图像专家组）及PNG（便携式网络图形）3种格式的图像。表1-1为1024×768分辨率的图片在不同格式下的尺寸列表。如果网页中准备使用的图像不是这3种格式，那么最好对其进行转换。其中GIF和JPEG格式的图像更为常用，因为这两种格式具有跨平台的特性，可以在不同的操作系统支持的浏览器上显示。

表1-1 图片在各种格式下的尺寸

图片格式	色彩位数	图片质量	文件大小（kB）
bmp	8	-	769
bmp	24	-	2359
jpg	-	0%	104
jpg	-	25%	124
jpg	-	50%	156
jpg	-	75%	220
jpg	-	100%	639
gif	8	-	225
tiff	-	-	1880
png	-	-	868
png	1	-	73
png	6	-	194
png	7	-	267
png	8	-	332
png	24	-	895

● 动画：所谓动画，就是指动态画面。我们在浏览网页时，经常会看到跳舞的卡通形象或者变换的文字，这些都是动画。动画实际上是由一组静态画面组成的，将这些静态画面连续播放便形成了动画。每个静态画面被称为帧（Frame）。目前，网上最常用的动画文件格式是GIF。此外，如果在动画中加入声音，动画摇身一变，就成了视频文件或电影文件。常用的视频和电影文件格式主要有AVI、MOV、SWF等。

6. 页脚：页脚是指整个网页页面的底部，通常用来放置版权信息、联系方式等，有的网页也会把导航栏、友情链接等内容安排在页脚位置。

建站 123

"没有规矩,无以成方圆",合理的网站制作流程,可以加快网站建设的速度,减少失误。制作网站通常应遵循以下工作流程:网站规划→网站设计→网页开发→网站发布→网站维护,如图 1-7 所示。

1. 网站规划:"良好的开始是成功的一半",在任何一个项目中,规划都是工作的第一步,也是进一步工作的基础。网站建设之初就对站点进行规划和组织,会使后续工作有章可循,有利于网站整体风格的一致性。

图 1-7 制作网站的步骤

2. 网站设计:完成规划之后,就进入了设计阶段。在设计阶段需要对网站的内容版块、导航系统以及网站的特性进行具体的设计。

设计好站点的布局及整体风格,就可以开始创建、收集所需的资源文件了。采集的内容必须与主题契合。在采集内容的过程中,应注意素材的特色。

3. 网页开发:此阶段需要根据设计阶段制作出的模板网页,按照栏目在具体网页中添加实际内容,包括文本、图像、声音、动画以及其他多媒体信息。另外,在网页开发阶段,还可以增强网页的交互性,为浏览者提供更好的服务,以吸引浏览者关注。

4. 测试与发布网站:具体的网页开发完毕后,就可以将网站发布到Internet上。但在实际发布之前,必须对网站进行测试。网站测试分为:本地测试和远程测试。测试通过后,才可以将网站发布到服务器上,此时用户才可以访问它。

5. 网站维护:网站成功发布之后,并不是就高枕无忧、万事大吉了,我们还需要建立一个较为规范的维护流程,确保网站质量,对用户反馈及时响应,以及定期更新网站信息等。

在后面的章节中，我们将按照上面介绍的网站开发步骤，制作一个有趣的小型个人静态网站。

制作工具

"工欲善其事，必先利其器"，创建任何东西都有自己特有的工具，建立网站也不例外。下面简单介绍一下创建网站需要的工作环境及常用工具。

1. 硬件环境：能够运行Windows 2000及以上版本并能上网的电脑。建议尽可能使用高配置的电脑。

2. 软件环境：Windows 操作系统。虽然 Windows 操作系统最新版本已到10 版，但考虑到本书的读者对象主要为中老人和普及基础知识的目的，故案例中采用的是Windows XP 系统（图1-8 ）及该系统所支持的相关软件工具。

在此前提下，我们建议使用 Windows XP 系统能够支持的最高版本的浏览器，比如微软的Internet Explorer 8.0 浏览器就是该系统所能支持的最高版本，如图1-9所示。

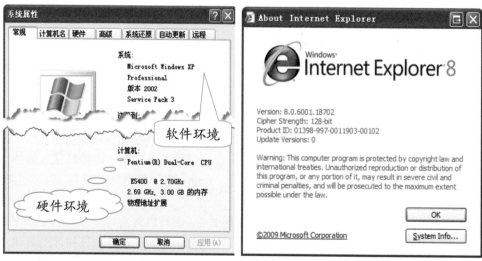

图 1-8　系统基本软件和硬件环境　　　　图 1-9　IE8.0 浏览器

浏览器是用于把网页中的信息展示给用户的工具，开发浏览器软件的公司很多，目前大家常用的浏览器有：Internet Explorer、Firefox、Chrome、Safari、Opera、Maxthon（傲游）、搜狗、360安全浏览器、世界之窗、腾讯TT、Netscape等。

3．开发工具

● 网站制作和管理工具：制作网站的必备利器，是用于进行网站创建和管理，以及从整体上对网页进行布局和设计的软件。常用的软件有：Dreamweaver（图1-10）、FrontPage等。

Dreamweaver是由美国Macromedia公司推出的一款所见即所得的网页制作软件，是一种具有可视化编辑界面的网页设计和网站管理工具。

图1-10　Dreamweaver主界面

● 图形制作和处理工具：用来优化网页中用到的图像，使用户能够利用其中的绘图工具方便地绘制图像，制作按钮、导航条等。现在的网页外观越来越华丽，要制作出具有自己特色的网页，至少需要能够运用平面设计软件，简单地对素材图片进行加工、处理。常用的软件有：Photoshop（图1-11）、Fireworks等。

Photoshop是Adobe公司开发的图形处理软件，是目前公认的PC机上最好的通用平面美术设计软件，它具有功能完善、性能稳定、使用方便等优点。

图1-11　Photoshop主界面

● 动画制作工具：用来制作网页中的矢量动画，可以使网页看起来更加生动活泼。常用的工具软件有：Flash（图1-12）。

Flash是美国Macromedia公司开发的矢量图形编辑和动画创作的专业软件，它主要被应用于网页设计和多媒体创作等领域。

● 文件传输工具：它负责上传、下载需要的网页或其他各种资源。在

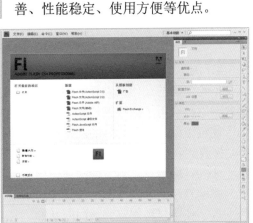

图1-12　Flash主界面

建立网站的过程中，它可以帮助我们方便地将制作好的网页上传到申请的网站空间中去。目前，绝大多数提供网站空间的网站都支持使用如FlashFXP（图1-13）这样的工具利用网络通信协议FTP（File Transfer Protocol）来上传和下载文件。

文件传输是指计算机网络上主机之间传送文件的操作，它是在FTP的支持下进行的。与在远程联机的情况下浏览存放在计算机上的文件相比，用户一般更愿意先将这些文件取回到自己的计算机中，这样不但能节省时间和上网费用，还可以更从

图 1-13　FlashFXP

容地阅读和处理这些文件。互联网提供的文件服务FTP正好能满足用户的这一需求。无论互联网上两台计算机在地理位置上相距多远，只要两者都支持FTP，那么就能将一台计算机上的文件传送到另一台计算机上。

FlashFXP的用户界面简洁明快，其工作区被划分为4个窗口。在进行FTP文件传输时，左上角的工作区是一个Windows资源管理器，可以方便地管理本地计算机上的文件。右上角的工作区中显示着FTP服务器上的文件目录。下面两个工作区分别显示当前的工作列表和与服务器的连接状态。

提示　FlashFXP界面中四个工作区的大小和位置都可以根据用户的个人习惯自由调整。

4．浏览工具

不论创建的是什么类型的网站，不论绘制网站时使用的是什么工具软件，不论创建网站时采用了哪些新技术，不论网站放在哪里，我们创建网站的最终目的都是为了让位于世界不同角落的网友都能够顺利、流畅、正确地了解我们想要表达的内容，接收到我们提供的信息。因此，我们在创建网站的整个过程中应始终关注如何使更多的目标用户正确、便捷地访问到我们的网站。

影响目标访客浏览网站效果的因素很多，比如：网络是否通畅、计算机配置是否支持、使用何种浏览器访问网站等。

浏览器作为将网页翻译成图文样式展示给用户的工具，对于用户是否能正确地接收网站信息影响很大。当前的浏览器品牌众多，各家的翻译方式和核心逻辑也不尽相同，因此，为保证目标访客能够正确地获取我们要传递的信息，在网站测试阶段，我们应尽可能多地使用各种主流浏览器访问网站以确保显示效果。下面简单介

绍几款目前主流的浏览器。

● Internet Explorer：IE浏览器由Microsoft出品，由于采用了与Windows操作系统捆绑销售的方式，因此与其同胞Windows、Office一样大肆占有市场。Internet Explorer 8.0是Windows XP系统能够支持的最高版本，其界面如图1-14所示。

图 1-14　Internet Explorer 8 浏览器

IE 作为浏览器的老大，用户群自然是最为广泛的。而其他大部分浏览器，也都是以 IE 作为范本设计和考虑兼容性的，所以 IE 的竞争对手们总是无法撼动其霸主地位。

● Maxthon：傲游，如图 1-15 所示，原名 MYIE2，从其原来的名称我们就不难看出，它的定位是基于 IE 的扩展性多功能浏览器，在其测试阶段，就受到很多人的追捧。其正式版更名为"Maxthon"，俗称"马桶"。

有很多这样的浏览器，使用 IE 的内核以保证浏览的效果准确，但本身对 IE 进行了功能扩展使其更加方便，傲游浏览器无疑是其中的佼佼者。

傲游浏览器的下载地址：http://www.maxthon.cn/。

图 1-15　傲游浏览器

● Firefox：又称"火狐"，如图 1-16 所示，其特点在于：采用了小而精的核心，允许用户根据个人需要去添加各种扩展插件，以满足每个人的个性化需求。Firefox 是目前最容易定制的浏览器之一，可定制工具栏添加按钮、安装新的扩展软件来增加新功能、安装符合个人风格的主题外观，还可以自动从难以计数的搜索引擎中挑选适合的信息。另外，Firefox 的功能多少、体态大小，均可以自定义。

图 1-16　Firefox 浏览器

火狐浏览器在分页浏览、广告窗口拦截、实时书签、界面主题、扩展插件等方面均有不俗的表现。

下载地址：http://www.firefox.com.cn/。

> 提示
>
> Firefox 拥有一组开发者使用的工具，包括强大的 JavaScript/CSS 控制台、文件查看器等，为用户提供了洞察网页运作详情的能力。

● Opera：是来自挪威的一个极为出色的浏览器，如图 1-17 所示，具有速度快、节省系统资源、定制能力强、安全性高以及体积小等特点，目前已经是最受欢迎的浏览器之一。值得一提的是，除了支持 Windows 外，Opera 也支持 Linux、Mac 等桌面操作系统。

下载地址：http://cn.opera.com/zh-cn。

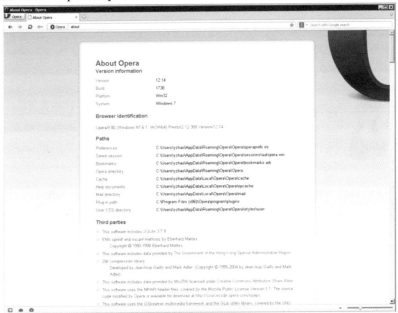

图 1-17　Opera 浏览器

> 提示
>
> Opera 集成了 BT 下载功能，无需安装其他 BT 软件，直接从 Opera 中点击种子文件即可下载；具有个性化搜索引擎、内容屏蔽、广告屏蔽等多种功能。

● 世界之窗浏览器：如图 1-18 所示，这是一款小巧、快速、安全、功能强大的多窗口浏览器，它是完全免费、没有任何功能限制的绿色软件。不同于常见的其他 IE 内核浏览器，世界之窗浏览器使用 C++ 和 Win32 SDK 开发，自行针对浏览器开发进行了代码库的封装，具有更扁平、更透明的封装特性，功能实现的方法更加灵活快速。世界之窗浏览器是一款安全的绿色软件，可以完全卸载，绿色版只需删除软件目录即可。

图 1-18　世界之窗浏览器

下载地址：　http://www.theworld.cn/。

世界之窗浏览器由凤凰工作室出品，它完全免费，没有任何功能限制，不捆绑任何第三方软件，可以干净卸载。

● Netscape：Netscape 作为 IE 的前辈，与 UNIX 下的 Mosaic 都曾为一时翘楚。面对 IE 的强势赶超，曾一度和 IE 分庭抗礼，并进行过开源，但最终还是被 Microsoft 在 2006 年以 7.5 亿美元收购。

2007 年，曾经呼风唤雨的 Netscape 浏览器又回来了，网景公司发布了最新的 Netscape Navigator 浏览器 9.0 Beta1 版，并分别针对 Windows、Mac OS X 和 Linux 系统开发相应版本。

Netscape 9 除了原有功能外，新增加了网页编辑、网址自动辨识、网站分级、邮件过滤、多人多账号等功能。

Netscape 9.0（图 1-19）基于 Mozilla Firefox，是一款纯粹的浏览器软件。下载地址：http://www.jz5u.com/Soft/network/wangye/126836.html。

图 1-19 Netscape 浏览器

安装 Dreamweaver CS4

Dreamweaver是一款"所见即所得"的网页制作软件，图1-20所示为Dreamweaver CS4。用户不必编写复杂的HTML源代码就可以制作出跨平台、跨浏览器的网页。

它不仅能够满足专业网页编辑人员的需求，同时也易于被业余网友掌握。另外，Dreamweaver提供的网页动态效果与网页排版功能，使得初学者也能制作出具有专业水准的网页，所以Dreamweaver是网页设计者的首选工具。

图 1-20 Dreamweaver CS4

本书中的实例网站是使用Dream-weaver CS4制作的。为叙述方便，有时也简称为Dreamweaver。

Dreamweaver CS4的安装步骤如下所述：

1．双击Dreamweaver CS4安装程序图标，出现Dreamweaver CS4的欢迎界面，如图1-21所示。

安装软件时，安装程序向导一般会建议用户退出当前所有已运行的其他程序，这样将有利于避免发生安装错误或安装困难的情况。

2．单击【下一步】按钮，安装向导将显示如图1-22所示的"用户信息"界面。在该窗口，我们可以输入用户名、公司名等信息。

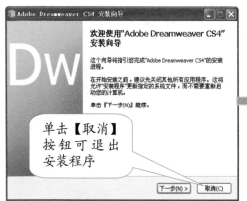

图 1-21　欢迎界面　　　　　　　　　　图 1-22　　"用户信息"界面

 如果勾选了"为 Adobe Dreamweaver CS4 创建桌面快捷方式"复选框，安装程序将自动为你在桌面创建启动 Dreamweaver CS4 的快捷方式。

3．单击【安装】按钮，安装向导将显示"选择安装位置"界面，系统默认的安装位置为C:\Program Files\Adobe\Adobe Dreamweaver CS4，如图1-23所示。如果用户不想将Dreamweaver CS4安装在此目录下，可以单击【浏览...】按钮，选择其他的安装位置。

 在选择安装位置界面中，安装向导将显示出安装Dreamweaver CS4 所需空间以及当前选择安装路径盘符中的可用空间信息。

4．单击【下一步】按钮，安装向导开始正式安装，屏幕显示出如图1-24所示的"正在安装"界面。若想取消安装，则单击【取消】按钮。

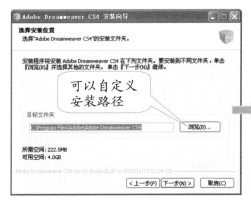

图 1-23　"选择安装位置"界面　　　　图 1-24　"正在安装"界面

5. 安装完毕后，安装向导将弹出如图1-25所示的对话框，说明已经安装成功，单击【完成】按钮，则退出安装向导。现在你可以开始使用强大的网页制作工具Dreamweaver CS4进行网站创作了。

Dreamweaver CS4有了一个崭新的、简洁高效的界面，且产品性能也得到了改进，包含许多新增的功能，这些新增功能改善了软件的易用性，并使你无论处于设计环境还是编码环境都可以方便地制作页面。

图 1-25　完成安装

提示　如果在单击【完成】前勾选了相应的条目，在退出安装向导后，将立即执行相关的操作。

与之前较早的版本相比，Dreamweaver CS4的主要特点可以概括如下。

- 全新的用户界面：美观、实用、可快速切换工作环境。
- 相关文件和代码导航器。
- 实时视图。
- Adobe AIR创作支持新增功能：可直接创建HTML、JavaScript、ASP、PHP、VBScript等类型的AIR程序。
- 针对Ajax和JavaScript框架的代码提示。
- Adobe Photoshop智能对象：不需要打开Photoshop即可在Dreamweaver CS4中更改源图像、更新源图像。
- CSS最佳做法：提供设计CSS最简单、最实用的方法。

安装 Photoshop CS4

Photoshop是由Adobe公司开发的图形处理软件，是对数字图形编辑和创作专业工业标准的一次重要更新，它引入了强大和精确的新标准，提供数字化的图形创作

和控制体验。Adobe Photoshop软件（图1-26）不仅可以作为专业的图像编辑工具，还可以用于制作适于打印、Web和其他任何用途的最佳品质的图像。

本书中的实例使用的是Photoshop CS4。为叙述方便，有时将其简称为Photoshop。

图 1-26　Photoshop CS4启动界面

1. 双击Photoshop CS4安装程序文件，出现如图1-27所示的欢迎界面。单击【取消】按钮可退出安装程序。

2. 单击【下一步】按钮，进入如图 1-28所示的"用户信息"界面。在该窗口中，如果勾选了"为Adobe Photoshop CS4创建桌面快捷方式"复选框，安装向导将自动为你在桌面创建启动Photoshop CS4的快捷方式。

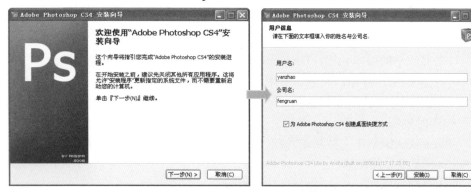

图 1-27　欢迎界面　　　　　　　　　　图 1-28　"用户信息"界面

3. 输入用户名、公司名等信息后，单击【安装】按钮，安装向导将显示如图1-29所示的"选择安装位置"界面。系统默认的安装位置为C:\Program

Files\Adobe\Adobe Photoshop CS4。如果用户不想将Photoshop CS4安装在此目录下，可以单击【浏览…】按钮，选择其他的安装位置。

4．单击【下一步】按钮，安装向导开始正式安装，屏幕显示出如图1-30所示的"正在安装"界面。若想取消安装，则单击【取消】按钮。

图 1-29 "选择安装位置"界面 图 1-30 "正在安装"界面

5．安装完毕后，安装向导将弹出如图1-31所示的对话框，说明已经安装成功。

6．单击【完成】按钮，退出安装向导。如果勾选"运行Adobe Photoshop CS4"复选框，将在退出安装向导后，运行Photoshop CS4。

Photoshop CS4在图像制作、图像修饰、彩色绘图、网页制作方面提供了强大的功能，可以支持几乎所有的图像格式和色彩模式，能够同时进行多图层处理。

使用Photoshop和ImageReady设计 Web页时，要注意区分两者提供的工具和功能。Photoshop提供创建和操纵静态图像的工具，可以将图像切片、添加链接和HTML文本、优化切片并将图像存储为Web页。ImageReady侧重于专业的Web页版面处理，可以轻松地对图层进行选择、编组、对齐和排列等处理。另外，ImageReady还包含用于高级Web处理和创建动态Web图像（如动画和翻转）的工具和调板。

图 1-31 安装完成界面

ImageReady 是 Adobe 的另一个图像处理软件，用于处理 Web 图像和动画。它已经和 Photoshop 集成，安装 Photoshop CS 的同时就将 ImageReady CS 安装上了。

安装 Flash CS4

Flash（图 1-32）是美国Macromedia公司开发的矢量图形编辑和动画创作的专业软件。它是一种交互式动画设计工具，可以将音乐、声效、动画以及富有新意的界面融合在一起，制作出高品质的网页动态效果。它主要应用于网页设计和多媒体创作等领域，已成为交互式矢量动画的标准，被广泛用于动画制作、动画演示、网上购物、在线游戏等制作领域。

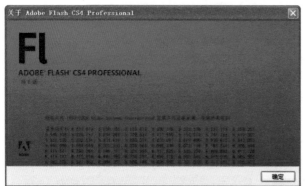

图 1-32　Flash CS4

Flash作为一款动画创作软件，在音乐、动画、音效以及多媒体等领域都有突出的功能。

早期版本的Flash用的都是Shockwave播放器。从4.0版以后，Flash开发了自己专用的播放器Flash Player，Shockwave则仅供Director使用。为了保持向下的兼容性，Flash仍沿用了原扩展名：SWF（ShockwaveFlash）。

1. 双击Flash CS4安装程序图标，出现Flash CS4的欢迎界面，如图1-33所示。

图 1-33　欢迎界面

2．单击【下一步】按钮，安装程序将显示"用户信息"界面，如图1-34所示。

图 1-34　"用户信息"界面

勾选"为 Adobe Flash CS4 Professional 创建桌面快捷方式"复选框，可以设置让安装向导自动创建 Flash 桌面启动快捷方式。

3．单击【下一步】按钮，安装向导将显示"选择安装位置"界面，系统默认的安装位置为C:\Program Files\Adobe\Adobe Flash CS4，如图 1-35所示。如果用户不想将Flash CS4安装在此目录下，可以单击【浏览(B)...】按钮，选择其他的安装位置。

图 1-35　"选择安装位置"界面

4. 单击【下一步】按钮，安装向导开始正式安装，屏幕显示出如图 1-36 所示的"正在安装"界面。若想取消安装，则单击【取消】按钮。

图 1-36 "正在安装"界面

5. 安装完毕后，将弹出如图 1-37 所示的对话框，说明已经安装成功，单击【完成】按钮，则退出安装向导。

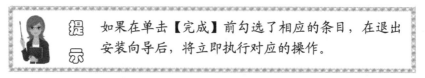

如果在单击【完成】前勾选了相应的条目，在退出安装向导后，将立即执行对应的操作。

图 1-37 完成安装

我们平时常说 Flash 动画，那么 Flash 到底是什么意思呢？简单地说它有以下三重意义：

- Flash的英文本意为"闪光"。
- 它是全球流行的电脑动画设计软件。
- 它代表用动画制作软件制作的流行于网络的动画作品。

Flash是一种交互式矢量多媒体技术，早期网上流行矢量动画插件，后来Macro-media公司收购了Future Splash，便将其改名为Flash 2。现在网上已经有成千上万个Flash站点，著名的如Macromedia的ShockRave站点，全部采用了Shockwave Flash 和Director。可以说Flash已经渐渐成为交互式矢量的标准，网页的一大主流。

优秀的网站应该使访问者进入后感觉到它是一个有机的整体，信息组织结构是有序的，能够方便地浏览到自己想要了解的东西。因此，要想建立一个好的网站，前期的规划、设计等准备工作是必不可少的。

规划一个网站通常应考虑以下内容：确定网站目的（即明确希望通过这个站点实现什么）→定义目标用户（即考虑可能对网站感兴趣的人群，然后从目标用户的角度出发，考虑他们对站点有哪些需求，从而将制作的内容最大限度地与目标用户的愿望统一）→选择网站开发技术（即考虑用何种开发工具最合理、有效）。如果没有进行合理细致的前期规划就贸然开始着手制作页面，那么很有可能会使网站显得杂乱无章，无法形成一个统一的整体。

本章中，我们将以规划书中的范例网站为例，对相关知识点进行介绍。

第二章

规划及创建网站

本章学习目标

◇ 栏目结构设计

以实例网站"建站进行时"为例,介绍如何根据信息内容规划、设计网站栏目结构。

◇ 目录结构规划

分析实例网站"建站进行时"的内容构成,结合规划目录结构的通用原则,合理地规划实例网站文件的目录结构。

◇ 本地站点创建

介绍如何运用 Dreamweaver 实际创建本地站点。

栏目结构设计

本书的主要目的是希望你能够通过学习，建立起一个简单的静态网站，所以我们以建立一个提供建站指导的网站"建站进行时"为实例，逐步讲解建立一个网站所需要的技术以及该技术在使用中的一些技巧，力求做到只要你跟随本书一步步操作，就能够自己动手建立一个小型的互联网网站。

我们要建立的实例网站，是一个提供信息的网站，内容比较简单。其页面布局结构如图 2-1 所示。

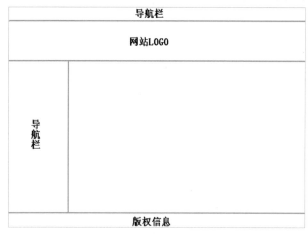

图 2-1 "建站进行时"页面布局结构

整个"建站进行时"网站按照网站开发过程中的几大步骤，设置了 9 个主要栏目："网站策划""网站设计""网页制作""美工创意""程序实现""站点管理""BBS""Download""About us"，如图 2-2 所示。

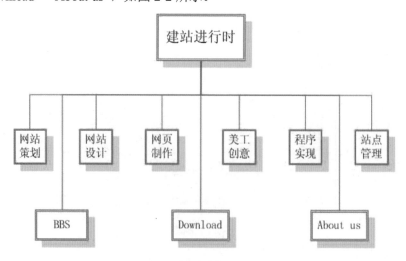

图 2-2 "建站进行时"栏目结构

栏目设计要以网站主题为中心，对已经掌握或可能得到的内容、资料进行分类，从而得出网站的主栏目。

下面分别对各个栏目的内容进行具体介绍。

- 策划是动手创建网站前很重要的一项工作。这个栏目按整个策划工作的顺序，可以分成几个阶段来分别组织相关内容，每个阶段都是一个小栏目，如图 2-3 所示。

- "BBS"既是访问者交流技术的场所，又兼作为接受访问者反馈信息的手段。与访问者交互、接受反馈信息的栏目在整个网站中不需要很多，但一定要有。这类栏目形式很多，比较常见的是论坛、聊天室、留言本等，无论采用什么形式，目的都是为了让访问者留下他们的信息。提供交互式的栏目比单纯留一个"E-Mail me"的站点更具有亲和力，更容易受到访问者的欢迎。

- 作为一名优秀的网站设计师，应该从全局着手，不必拘泥于具体的细节，使网站以特有的整体形象展现在浏览者面前。网站设计栏目的子栏目结构如图 2-4 所示。

图 2-3　"网站策划"栏目结构　　　　图 2-4　"网站设计"栏目结构

- 网页制作这个栏目从技术和工具两方面入手，既有各种网页制作技术的经验和技巧，又有各种常用编写工具的使用方法介绍（图 2-5）。

- "Download"是相关资料的下载区。访问者浏览网站的目的是为了获得有

图 2-5 "网页制作"栏目结构

用的信息，如果他发现一个站点有大量优秀的、有价值的资料，肯定希望能一次批量下载，而不是一页一页浏览后再保存。因此，我们可以在网站上设置一个资料下载栏目，这样做会得到更多访问者的欢迎。

● 美工在网站建设中起着举足轻重的作用，设计师的设计能否最终实现、网站最后能否吸引访问者，很大因素在于美工创意。本网站美工创意内容如图 2-6 所示。

图 2-6 "美工创意"栏目结构

● "About us"是关于站长的自述。为了使网站的主题突出，一些辅助性的内容，如站长自述、版权信息等尽量不要放在主要栏目中，以免冲淡主题，可以将所有这些信息集中起来，单独设置为一个小栏目。

● 为了使网站维护起来更容易，更好地与访问者交互，就需要有程序员的参与，本网站对建站技术的要求如图 2-7 所示。

● 网站制作完成后，如何管理维护网站？如何使更多的人了解自己的网站？在网络上，网站的宣传推广工作绝对不容忽视。本网站对此的设想如图 2-8 所示。

在设计站点时通常需要制订若干个原则，以便从整体上对下一步的工作有个详细的把握。以下 6 点是设计站点的通用原则。

第一，紧扣目标，整体把握。站点设计的第一原则就是紧紧把握建立站点的目的，从目标用户、技术支持、维护与管理等各方面综合考虑站点的制作维护等问题。

第二，信息组织简洁、明快。浏览者在进入站点后应该能够大概了解到站点的组织结构，不要让烦琐的层次搞得访问者不知所云。提供的信息要从访问者的角度出发，尽量简明精炼。

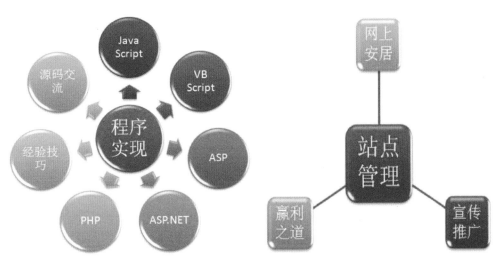

图 2-7 "程序实现"栏目结构　　　　　图 2-8 "站点管理"栏目结构

第三，链接有序、快捷。在页面中应该提供一些与页面信息相关联的超链接和具有典型意义的超链接，并且确保这些链接的有效性。如果建立了大量无关紧要的链接，就会把浏览者搞得晕头转向，浏览者通常会很快离开这样的网站，并且不会再次光临。

第四，设置一个"最近更新"栏目，向访问者提供最近更新过的内容信息。为了照顾经常光顾的访问者，使网站更具人性化，一般来说，将最近更新的信息放在首页。

第五，确保页面下载时间。应该根据站点目标以及用户的连接速度对整个站点的下载时间有一个大概的把握，根据网页包含的所有内容（包括链接对象、图像）计算文件大小，根据当前的 Internet 连接速度计算下载时间（实际的下载时间取决于具体的 Internet 连接）。没有比要花很长时间来下载页面更糟糕的了。一般应尽量将网页的加载时间控制在 15 秒钟之内。为此，在制作网页时应该尽量避免使用过多的图像或其他多媒体信息，使用一些精致的、有代表意义的小图标，同样也可以达到美化页面的目的，而且往往还能起到画龙点睛的作用。

第六，点击规则。听说过 3 次点击原则吗？对于小型的网站，在你的主页上，应该没有任何一条信息是需要点击次数超过 3 次才能看到的。对于大型的网站，可以使用导航栏和工具条来改善可操作性。

目录结构规划

网站是许多文件的集合，一个清晰的目录结构对组织、管理这些文件是很有帮助的。目录结构的好坏对访问者来说影响不大，因此经常会被许多策划者所忽视，

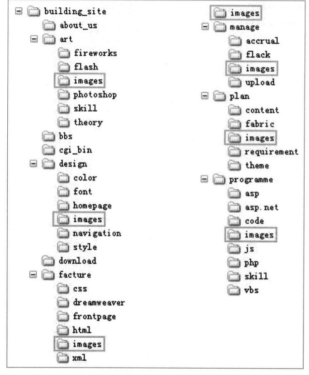

图2-9　"建站进行时"网站文件目录结构

在网站建设过程中往往是未经规划，随意创建子目录。但一个零乱的目录结构只会成倍地增加开发者的工作量，特别是在网站建设、维护的后期，为寻找一个文件往往要花许多宝贵的时间。

我们为每个主要栏目设置一个images目录（图2-9），同时在根目录下设置一个images目录，用于存放首页及其他栏目都需要的图片。

在规划网站的目录结构时，有几条准则可以遵循。

1. 根目录下的文件尽量少。根目录下的文件数目越少越好，最好只存放首页和其他少数几个必要的文件，除此之外，所有的文件都按一定的逻辑关系组织成相应的目录，置于根目录下以便于管理。

2. 按栏目内容设计子目录。栏目是网站的逻辑组织形式，也是网站开发和维护的基本单元，因此最好按照网站的栏目设计来组织目录结构。网站中的程序一般应放在特定的目录下，如cgi_bin，以便于管理和调试。

3. 为每个主要栏目设置独立的images目录。

4. 目录层次不要太多。整个网站的目录层次以不超过三层为佳，太多的目录层次会增加维护和管理站点的难度。

5. 目录名称应该规范。在为网站组织目录和文件时要特别注意名称的规范问

题，一般应做到以下几点：

（1）目录和文件名中不要使用中文。

（2）目录和文件名最好同时遵循 DOS 和 UNIX 的命名规则，不要有空格和特殊字符。

（3）目录和文件名最好全部用小写字母。

（4）不要使用过长的文件名和目录名。

<h1 style="text-align:center">本地站点创建</h1>

完成了网站的规划与设计工作后，就可以使用制作和管理网站的软件，如本书中使用的 Dreamweaver 进行网站的实际开发，如图 2-10 所示。

图 2-10　用Dreamweaver管理网站

为便于组织和管理站点系统中的文件，Dreamweaver 在本地计算机中重新创建了远程网站的结构。这样，在本地站点上创建的链接在远程站点上将同样有效。

创建一个本地站点的操作步骤如下：

1．打开 Windows 资源管理器，并在其中建立一个文件夹 building_site，该文件夹将包括整个网站的目录结构。如图 2-11 所示。

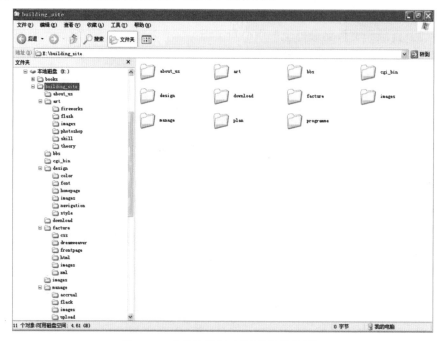

图 2-11 "建站进行时"网站目录结构

2．单击【开始】|【所有程序】|【Adobe Dreamweaver CS4】，启动 Dreamweaver，如图 2-12 所示。

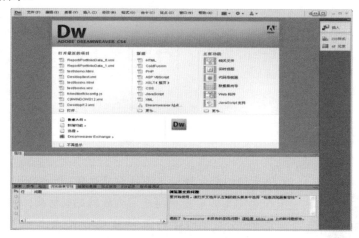

图 2-12 Dreamweaver 启动窗口

由于 UNIX 主机区分大小写，因此文件和文件夹在命名时最好都用小写字母，不能包括特殊字符，绝对不要使用中文。

3．选择菜单【站点】|【新建站点】出现站点定义对话框，选择"高级"选项卡，如图 2-13 所示。

4．在"高级"选项卡中选择"本地信息"。在"站点名称"文本框中，键入站点名称"building_site"，站点名实际上只是一个代号，仅起到标识站点的作用，站点名会出现在"站点"窗口中和【站点】|【管理站点】窗口中，它可以使开发人员直接进入定义为本地站点的文件夹中。

5．在"本地根文件夹"框中，将本地站点的根文件夹定位到步骤 1 中创建

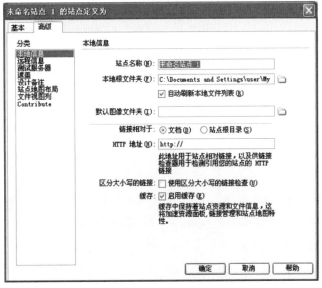

图 2-13　创建网站目录结构

的目录"E:\building_site\"，它是今后站点文件、模块和库的存放地。"HTTP 地址"文本框用于设置远程站点的 URL，有关的内容留待网站上传时再填写。

 在图 2-13 所示的"高级"选项卡中，可以选择要更改的类别并显示此类别中的所有信息。"基本"选项卡中显示的是站点信息中某一类别的基本信息。

6．确保选中【启用缓存】选项，以便创建现有文件的缓存记录，从而可以在移动、重命名或删除文件时加速更新超链接。单击【确定】按钮。

7．Dreamweaver 随之激活如图 2-14 所示的站点文件窗口，该窗口显示了本地站点包含的所有文件夹和文件列表。由于是刚刚建立的网站，所以目前还没有任何内容。

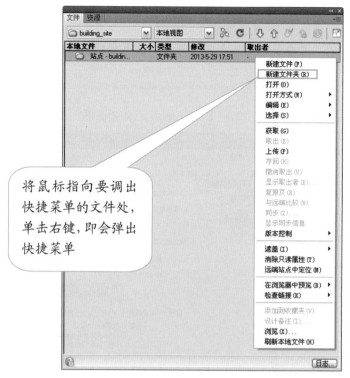

图 2-14　站点文件窗口

8．窗口中的文件列表可以作为文件管理器，允许用户进行复制、粘贴、删除、移动及打开文件等操作，就像使用 Windows 下的资源管理器一样方便。右击"站点-building_site"（E:\building_site），从弹出的快捷菜单中选择【新建文件夹】命令，为站点创建相应的子目录，如图 2-14 所示。

9．重复上述操作步骤，参照设计阶段所设计的目录结构，为各个栏目和子栏目创建相应的子目录，如图 2-15 所示。

10．建立网站的目录结构后，接着就可以开始创建网页。在文件窗口中，右击"building_site"站点的根目录，从弹出的快捷菜单中选择【新建文件】命令建立网页，并将该文件命名为"index.html"，作为整个网站的首页。注意应该确保文件名后缀为".html"或".htm"。

提示　在网站目录中，我们可以设立一个用于存放制作网站所需资料（如图片、文本、动画等）的目录，以方便制作时的查找和应用。

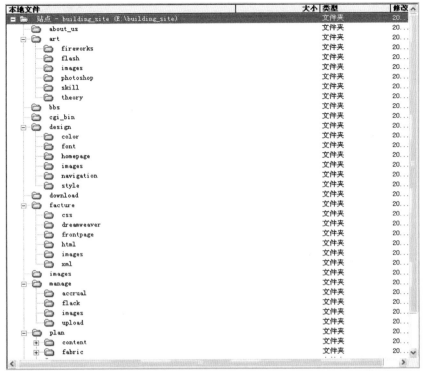

图 2-15　创建站点目录结构

11．在文件窗口中选中"index.html"，右击，在弹出的快捷菜单中选择【设成首页】命令即将该文档设置为网站首页。如图 2-16 所示。

12．重复上述步骤，依次在网站根目录下为每个栏目建立相应的 HTML 文件，并分别命名为：

aboutus.html、art.html、bbs.html、design.html、download.html、facture.html、manage.html、plan.html、programme.html，如图 2-17 所示。

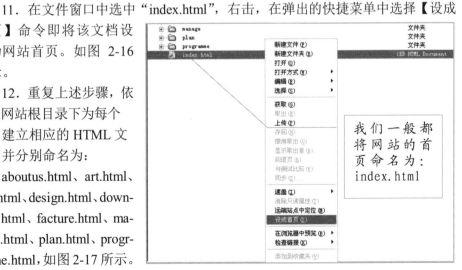

我们一般都将网站的首页命名为：index.html

图 2-16　设置首页

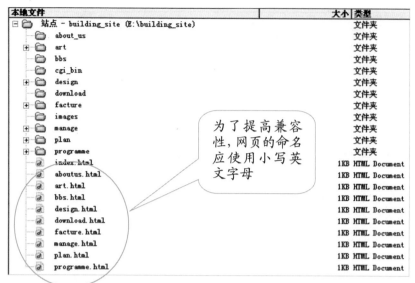

图 2-17 建立栏目首页面

至此，整个网站的结构已基本完成，但网页与网页间的关系还不是很明确，为了今后管理上的方便，下面我们将为网页建立相应的链接。

13. 在 Dreamweaver 的站点窗口中，单击工具条中的按钮，在出现的下拉菜单中，选择【地图和文件】，此时在站点窗口的左半部分将会以图标的形式显示整个网站的结构图。如图 2-18 所示。

图 2-18 地图和文件窗口

14. 从 Dreamweaver 所提供的网站结构图，可以很清楚地查看整个网站中网页与网页之间的关系。Dreamweaver 提供了多种在网页间创建链接的方法。比如在站点窗口中，制作者可以利用 point-to-file

（指向文件）图标创建连到各种目标的链接。单击站点结构图中的 index.html 文件，此时在 index.html 文件的右上角会出现一个圆形标记，这就是 point-to-file 图标。

> 由于还没有在任何网页间建立链接关系，因此只有首页（index.html）出现在站点结构图中。各网页间的关系需在页面制作过程中创建。

15．拖动该图标到站点窗口右边文件列表中的 plan.html 文件上，然后释放鼠标，就可以在两者间建立链接关系。从而建立了首页与第一个栏目——网站策划之间的链接关系。

16．用同样的方法，可以很快地在各网页之间建立链接，并可以在站点结构图中清楚地查看网站中网页与网页之间的关系，如图 2-19 所示。

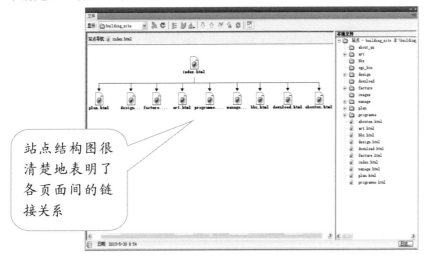

图 2-19　站点结构图

17．双击 index.html 文件可打开首页，此时首页中只有我们刚刚建立的网页链接。将其关闭，再将站点窗口关闭（使用此操作顺序关闭 Dreamweaver 程序，可以在下次打开时自动打开站点窗口，便于我们对整个网站进行操作）。

创建站点后，还可以对站点属性进行编辑。执行【站点】|【管理站点】命令，打开【管理站点】对话框，可以实现站点的新建、编辑、复制、删除、导出、导入操作。

至此，"建站进行时"网站的整个架构已经初具雏形了，后面的任务就是如何借助 Photoshop、Dreamweaver、Flash 等软件的强大功能来完成网站中各个页面的制作，以实现我们的创意和构想。

经过前面章节的学习，我们已经对"建站进行时"网站有了一个大体的设计，但是这些构思和设想目前还仅仅存在于我们的脑海中，至于是否可行，是否能达到我们设想的效果，却没有一个直观的印象。

使用 Photoshop 可以将我们对网站的设计绘制成草图，使我们对网站的整体布局和页面设计效果都有一个直观的了解，及时对不满意的地方进行修改，这样会极大地节省时间和开发成本。Photoshop 还能将制作网页时需要的图像导出为适当的格式，为接下来的网页制作积累素材。

本章中，我们将利用 Photoshop 强大的图像处理能力绘制"建站进行时"网站（简化版）的页面草图，为接下来进一步的页面制作打下基础。

第三章

运用 Photoshop 绘制草图

本章学习目标

◇ 绘制首页背景图
　　介绍运用 Photoshop 绘制网站首页背景草图的全过程并讲解相关知识点。

◇ 外部 LOGO 文件导入
　　以导入 LOGO 图片为例，讲解在 Photoshop 中将外部图片文件导入的方法。

◇ 描绘版权信息
　　一步步介绍绘制页脚版权信息的操作过程。

◇ 导航栏的绘制
　　介绍使用 Photoshop 提供的工具绘制导航栏的操作步骤。

◇ 输入文字
　　通过在首页图片中插入文字，介绍 Photoshop 文字工具的功能和技巧。

◇ 导出背景图像
　　通过将背景图像蓝图导出的操作，介绍 Photoshop 文件及图像管理功能。

◇ 设计二级页面布局结构
　　介绍在 Photoshop 中设计并绘制二级页面布局的方法。

◇ 绘制带特效的位置导航条
　　通过绘制位置导航条，介绍图像特效处理的操作方法。

◇ "程序实现"页面内容输入
　　以"程序实现"二级栏目为例，完成二级页面内容的输入。

◇ 导出二级页面素材图片
　　介绍截取、导出素材图片的操作方法。

◇ 表单页面设计
　　为表单页面应用已有布局，并用 Photoshop 提供的图形绘制工具制作表单内容。

◇ 绘制并导出线条
　　运用画笔工具绘制表单页面中的装饰线条，并将其导出为素材图片。

绘制首页背景图

在明确了站点任务、规划了站点结构并创建了本地站点后，让我们开始对各级页面进行设计与绘制。由于本书所要完成的示例网站比较简单，所以只需要绘制3个页面草图，分别是首页、二级页面和表单。

首先我们来设计主页，最终完成的首页草图效果如图3-1所示。

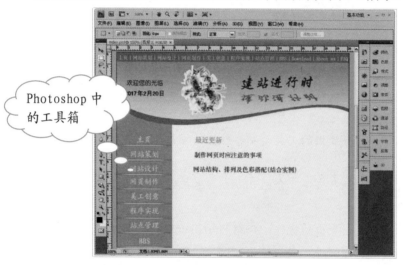

图 3-1　首页页面效果图

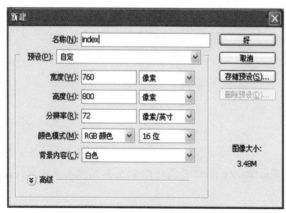

图 3-2　"新建"对话框

1．点击【开始】|【所有程序】|【Adobe Photoshop CS4】，启动 Photoshop。

2．选择【文件】|【新建】命令，在弹出的"新建"对话框中，为文档起个名称，如 index。设置文档的宽度为 760 像素、高度为 800 像素、分辨率为 72 像素/英寸、颜色模式为 RGB、颜色 16 位、背景内容为白色，点击【好】（图3-2）。

3．选择【文件】|【存储为】，在弹出的"存储为"对话框中选择想要保存文件的路径，笔者选择的是 E:\building_site\assets，如图 3-3 所示。单击【保存】按钮对文件进行保存。

图 3-3　通过"存储为"窗口保存文件

提示　在平时的创建过程中，我们应该养成经常存盘的好习惯，以避免所做的工作因意外情况而丢失，存盘操作最常用的方法是按快捷键【Ctrl+S】。

4．选择工具面板上的"铅笔工具" ，将前景色改为"#5E8DDC"，在 Y=1 处按住【shift】键同时横向画一条直线，如图 3-4 左图所示。如果你在工具面板上没有找到"铅笔工具" ，那么你一定看到了"画笔工具" ，在"画笔工具"按钮上单击鼠标右键，在出现的快捷菜单中即可选择"铅笔工具" 。Photoshop 工具面板中的许多工具按钮经常会代表几种绘画工具。

5．选择工具面板上的"油漆桶工具" ，填充颜色选择"前景色"，在刚刚所画直线的上部点一下，使上部全部涂成与直线相同的蓝色，形成一条蓝色宽带区域。此处我们可用来放置顶端导航条，如图 3-4 右图所示。

提示　如果工具面板没有显示出来，那么请选择【窗口】|【工具】命令打开工具面板。

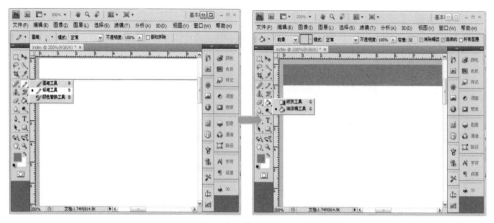

图 3-4　运用铅笔和油漆桶工具绘制图形

6. 选择工具面板上的"钢笔工具"　。选择样式为"默认样式"　，使得颜色与前景色相同。

7. 将鼠标移到画布上，此时鼠标的形状变为一个钢笔形状，在画布中上部左

边单击（具体的位置请参照效果图来大致确定，此位置可在路径的编辑过程中进行调整），创建第一个节点，如图 3-5 所示。

8. 在画布上确定第一个节点后，移动鼠标按照所要设计的图形形状在画布上单击鼠标左键创建其他的节点。此时除刚绘制的节点为实心外，其他已经创建的节点都变为空心的黑色节点。

在创建节点的过程中，应按住鼠标左键拖动节点的控制柄，以便改变曲线路径的弯曲程度和方向，如图 3-6

图 3-5　使用"钢笔工具"绘制图形　上图所示。

如果对刚绘制的节点不满意，可以直接按【Delete】键将其删除，然后单击删除节点后的前一个节点，重新绘制。

9. 在画布的中上部勾勒出一条曲线带的基本轮廓。回到开始时的第一个节点，此时钢笔形状的鼠标指针右下角出现一个小圆圈，单击第一个节点完成整个封闭路径的绘制。由于路径左边、右边各有一部分节点不在画布上，因此在显示时将只显示画布边缘与曲线路径围成的图像区域。如图 3-6 下图所示。

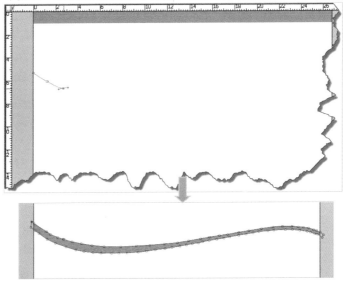

图 3-6　绘制出曲线区域

 提示　调整图形形状是一个复杂而烦琐的过程，需要大家耐心、细致地调整。

10. 背景图像绘制完成后，如果对路径形状不满意，可以用路径编辑工具对路径进行编辑。选择工具面板上的"直接选择工具"，单击要进行编辑的路径，此时被单击的节点变为空心的编辑状态，拖动要编辑的节点可以向任何方向改变路径的形状。如果曲线路径不光滑，则可以拖动各个曲线路径上节点的控制柄来改变曲线路径的曲率，使曲线路径变得光滑。

11. 如果某一段路径太长不容易控制，可以使用"钢笔工具"在路径上添加一个节点。具体操作方法是：选择工具面板上的"钢笔工具"，将鼠标移到需要添加节点的路径上，当鼠标的形状变为一个带"+"号的钢笔时单击路径上需要添加节点的位置即可。

12. 选择【窗口】|【图层】，弹出图层窗口，我们会看到，刚刚绘制的曲线图形，如图 3-7 所示存于名称为"形状 1"的图层中。在形状 1 图层上右击鼠标。

图 3-7　"形状 1"图层

13. 在弹出的快捷菜单中选择【图层属性】，在弹出的"图层属性"对话框中，将图层名称改为"背景图"，如图 3-8 所示。

图 3-8　通过"图层属性"窗口修改图层名称

> 提示　图层（Layer）是 Photoshop 中最基本、最重要的概念之一。图层就像绘画用的透明纸一样，把各个图层叠加进来，整个图像便表现出来。

14. 接下来的步骤是对刚绘制的路径的上部进行渐变填充，即在顶部导航条与曲线路径之间填充上渐变效果。首先选择工具面板中的"魔棒工具"，设置"魔棒工具"的容差值为32，勾选"消除锯齿"和"连续的"选项。在曲线路径上部的空白处单击鼠标左键，选中曲线路径与顶部导航条之间的部分，如图 3-9 所示。

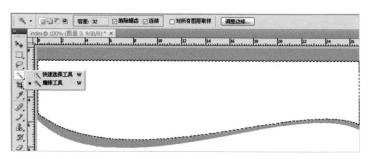

图 3-9　使用"魔棒工具"选择区域

> 提示　"魔棒工具"是一种很神奇的工具。在进行区域选取时，"魔棒工具"能一次性选取颜色相近的区域。颜色的近似程度由容差值来确定。

15. 在工具面板中，单击前景色，在出现的颜色拾取器窗口中，将前景色改为"#88AEE4"，相似地，将背景色改为"#DDECFE"，选择工具面板中的"渐变工具"，并选择"线性渐变"，不透明度设为"100%"。

16. 将光标移动到选择区域内，鼠标变为十字形，从选择区域的顶部向下部按住鼠标拖动，形成一条自上而下的直线，松开鼠标后，填充效果如图 3-10 右图所示。

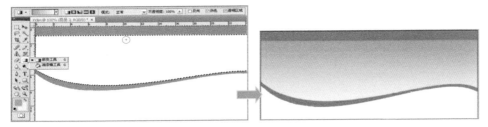

图 3-10 运用"渐变工具"为选中区域填充颜色

提示 没有找到"渐变工具"吗？那有没有找到"油漆桶工具"呢？在"油漆桶工具"上单击鼠标右键，怎么样？看到"渐变工具"了吧！

17. 最后，选择【文件】|【存储】，将做好的导航条保存起来。

外部 LOGO 文件导入

网站的 LOGO（也就是网站的徽标信息）往往是一个网站区别于其他网站的重要部分，在我们的示例网站中，采用的是一朵具有抽象艺术风格的花朵加上网站名称作为网站 LOGO。由于这个图片已经事先制作好了，所以我们现在只需要将它导入到首页页面草图中即可。具体操作步骤如下：

1. 选择【文件】|【置入】，在弹出的"置入"对话框中，选择保存 LOGO 文档的目录，选中"LOGO.pdf"，然后单击【置入】按钮。如图 3-11 所示。

2. 将置入的 LOGO 图形调整到合适的位置后，在 LOGO 图片上双击鼠标左键。效果如图 3-12 所示。

图 3-11 "置入"对话框

图 3-12 导入外部LOGO图片效果图

提示 在置入调整时，可对 LOGO 图片的宽度、高度、中心点以及角度等内容进行调整。

描绘版权信息

在几乎每个网站的页面上，我们都会在页面的底部看到一块用于显示版权信息的区域，下面让我们为首页设计一个版权信息区域。

1. 选择工具面板的"铅笔工具" ，设置前景色为"# 5E8DDC"，此颜色与顶部导航条的颜色相同。

2. 在页面的下部，按住【Shift】键同时从页面左边到右边画一条直线，如图 3-13 所示。

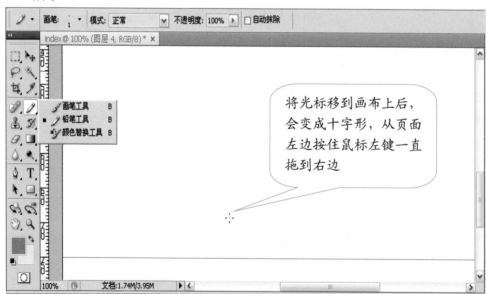

图 3-13　使用"铅笔工具"绘制页脚分界线

3. 选择工具面板中的"油漆桶工具" ，在刚刚绘制的直线下部点一下，为版权信息区域填充上蓝色。

4．选择工具面板中的
"横排文字工具" ，设
定字体为宋体、大小为 14
点，采用居中对齐方式，设
置文本颜色为白色。输入版
权信息文字"《建站进行时》

图 3-14　版权信息效果图

赵妍制作 版权所有 声明：
本站内容版权属作者所有 本站享有最终解释权"，最终效果如图 3-14 所示。

导航栏的绘制

导航条是网页中不可缺少的重要组成部分。我们在上一节中，已经在主页的上部规划出一个区域，用于建立一个简单的横版导航条，下面我们将在主页左侧再绘制一个竖版的导航条。为了整齐地排列它们，我们可以运用参考线来辅助。

绘制竖版导航条的步骤如下。

1．选择工具面板中的"铅笔工具" ，将前景设为"#88AEE4"，在本章第一节所绘制的曲线路径下面到上节绘制的版权信息之间，即 X=152 像素处，绘制

一条竖线，如图
3-15 所示。

2．选择工具
面板中的"油漆桶
工具" ，在画布
的左部点一下，使
页面左半部分填充
上与线条一样的蓝
色，效果如图 3-16
所示。

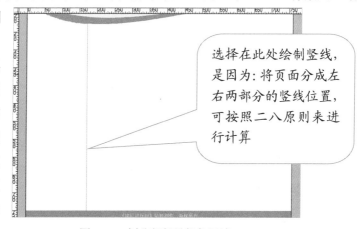

选择在此处绘制竖线，是因为：将页面分成左右两部分的竖线位置，可按照二八原则来进行计算

图 3-15　划分竖版导航条区域

为了实现给竖版导航条填充蓝色背景色，也可利用"魔棒工具"先将左半部分选中，然后再使用"油漆桶工具"为选中区域填充颜色。

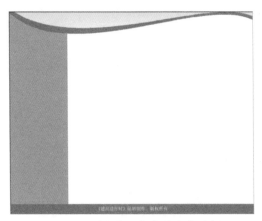

图 3-16 为竖版导航条填充背景色

3．下面我们将对导航条的内容进行布局，在布局时，我们需要用到参考线。

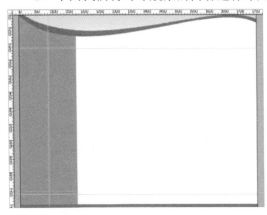

在画布左边的标尺上按住左键，此时鼠标变为一个拖动符号，拖动到画布上就会出现一条纵向的默认为青色的参考线，将参考线拖动到画布的合适位置后释放鼠标。这条纵向的参考线可用来确定导航条文字的中心位置。

4．用同样的方法再拖出两条横向的参考线，用这两条横向的参考线来确定导航条文字的上、下位置区域，如图 3-17 所示。

图 3-17 拖动参考线辅助确定导航条文字位置

如果标尺没有显示出来，请选择【视图】|【标尺】命令。在标尺上双击鼠标左键，可在弹出的如图 3-18 所示的"首选项"对话框中对标尺的基本属性进行设置。

图 3-18　在"首选项"对话框中对标尺进行设置

5．选择工具面板中的"横排文字工具" 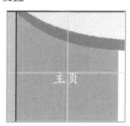，设置字体为"楷体"、字号为"18"、颜色为"白色"。

6．在纵向参考线上点一下鼠标，输入"主页"。效果如图 3-19 所示。

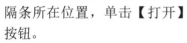

图 3-19　输入文字

7．选择【文件】|【打开】命令，在如图 3-20 所示的"打开"对话框中选择我们之前已经做好的导航条文字分隔条所在位置，单击【打开】按钮。

8．单击【选择】|【全选】，将整个图形选中，单击【编辑】|【拷贝】命令。

9．单击【窗口】|【index.psd】跳回主页文件。在图层面板中选择"背景图"图层。

10．选择【编辑】|【粘贴】菜单命令，将刚刚从 compart-mentation.jpg 文件中复制的导航条文字分隔条粘贴到首页文件中。

图 3-20　"打开"对话框

11. 利用工具面板中的"移动工具" 将粘贴过来的分隔条移动到合适位置。效果如图3-21所示。

12. 利用参考线，将导航条分隔成小块，用来放置文字和分隔条。

13. 选择【编辑】|【粘贴】菜单命令，将分隔条再次粘贴到页面上。利用工具面板中的"移动工具"将分隔条移动到合适的位置。

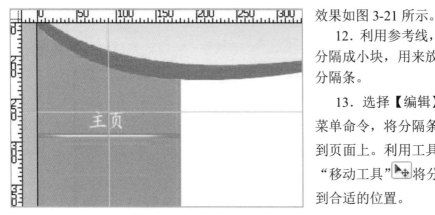

图3-21　粘贴外部素材图片

> 提示
> 可通过图层属性对话框将分隔条所在的图层名称从"图层1"改为"分隔条"，这样有利于我们今后对图层的管理。

14. 选择工具面板中的"横排文字工具" T，在刚刚粘贴的分隔条上部输入文本"网站策划"。

15. 利用与步骤13、14相似的方法，依次将网站的所有栏目名称（网站设计、网页制作、美工创意、程序实现、站点管理、BBS、Download、About us、FAQ）及栏目之间的分隔条加到页面上。效果如图3-22所示。

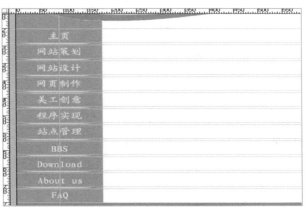

图3-22　导航条效果图

每次粘贴分隔条时都会为其建立一个新的图层，单击【图层】|【向下合并】可将其合并到"分隔条"图层中，以方便管理。

输入文字

下面我们用文本工具在主页上输入一些文字，包括：顶部导航栏上的栏目信息、LOGO 左侧的欢迎信息以及页面中心部分的栏目介绍信息，输入前后比对效果如图 3-23 所示。

图 3-23　输入文字前后对比图

1. 选择工具面板中的"横排文字工具" T ，在顶部导航栏内输入"主页｜网站策划｜网站设计｜网页制作｜美工创意……BBS｜Download｜About us｜FAQ"等导航信息，见图 3-24。

图 3-24　顶部导航栏

图 3-25　输入欢迎信息

2．选择工具面板中的"横排文字工具" T，设置字体为"幼圆"、字号为"20"。在欢迎信息栏部分输入"欢迎您的光临 2017 年 5 月 20 日"，如图 3-25 所示。在后面的章节中，我们将介绍如何使该日期在浏览者访问网页时自动自动更新，以增加网页的交互性。

3．选中"横排文字工具" T，设置字体为"宋体"、字号为"20"，输入"最近更新"，及最新更新内容，如图 3-26 所示。

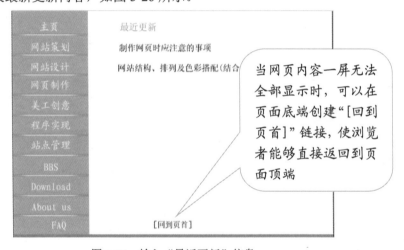

当网页内容一屏无法全部显示时，可以在页面底端创建"[回到页首]"链接，使浏览者能够直接返回到页面顶端

图 3-26　输入"最近更新"信息

导出背景图像

草图绘制完成后，就可以在 Dreamweaver 等网页制作软件中将它实现成真正的网页。在主页中，除了绘制的背景图像外，所有效果都可以在 Dreamweaver 中轻松地实现，所以我们只要将主页的背景图像导出，作为制作网页过程中使用的素材即可，而不必将整个草图都导出。导出主页背景图像的步骤如下：

1．选择图层面板中的"背景图"图层，按【Ctrl+A】键将背景图全部选中。按【Ctrl+C】键将背景图像复制下来。

2．选择【文件】|【新建】命令，新建一个文件。按【Ctrl+V】键将复制的背景图像粘贴到新文件，如图 3-27 所示。

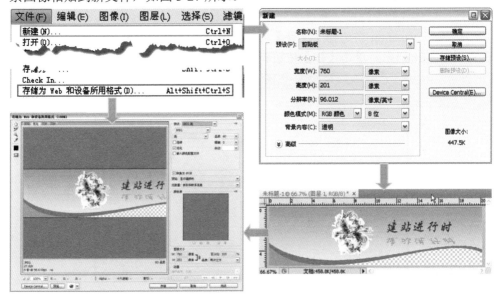

图 3-27　导出背景图到新文件

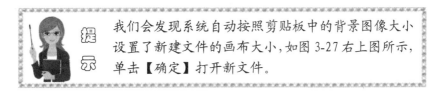

我们会发现系统自动按照剪贴板中的背景图像大小设置了新建文件的画布大小，如图 3-27 右上图所示，单击【确定】打开新文件。

由于我们采用的是渐变色的效果，因此最好将图片导出为 JPEG 格式。选择【文件】|【存储为 Web 所用格式】，设置如图 3-27 所示。

设计二级页面布局结构

绘制好首页效果图后，下面让我们一起进行二级页面的设计。在一个网站中，所有的二级页面通常会有一部分相同或相似的内容，如：网站的 LOGO、导航条等，访问者通过首页的导航条进入二级页面后，应能够继续感受到同一个网站的风格及内容。

因此，除"BBS""Download""About us""FAQ"外所有二级页面都使用同样的样式，下面我们来设计一个比较有代表性的二级页面——"程序实现"栏目的整体布局，以体现整个网站二级页面的布局效果。

1. 在 Photoshop 中选择【文件】|【新建】命令，在弹出的"新建"对话框中设置如图 3-28 所示。单击【好】按钮新建一个空文档。

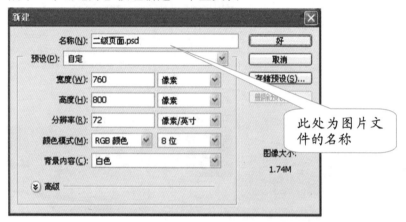

图 3-28　新建"二级页面"文档

 提示　可以通过"预设"列表框，在几种预设定的比例尺寸中选择符合要求的类型。

2. 采用与前几节类似的方式为页面制作顶部导航栏，如图 3-29 所示。

图 3-29　制作顶部导航栏

 提示　在图像处理过程中，要经常利用【文件】|【存储】菜单将制作成果保存，以防止突发事件使劳动成果消失。

3. 选择工具面板中的"矩形工具" ，选择样式为"无" ，颜色为"#87AFE"，在顶部导航栏的下部用鼠标拖出一个矩形，如图 3-30 上图所示。

4. 选择【文件】|【打开】命令，在弹出的"打开"对话框中，选择网站目录中 images 目录下的已提前处理好的网站徽章图像文件。本书中，网站 LOGO 图像的文件目录为 E:\building_site\images\LOGO.gif。

5. 选择工具面板中的"矩形选框工具" ，将网站 LOGO 图像全部选中。

6. 选择【编辑】|【拷贝】命令，将网站 LOGO 拷贝到剪贴板。

7. 选择【窗口】|【二级页面.psd】命令，使当前处理文件跳转回二级页面文件。

8. 选择【编辑】|【粘贴】命令，将网站 LOGO 粘贴到二级页面中。

9. 选择工具面板中的 "移动工具" ，将网站 LOGO 移动到如图 3-30 下图所示的位置。

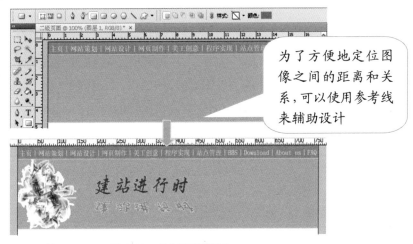

图 3-30　绘制页眉范围

提示

若在处理窗口中没有看到二级页面文件，可以通过选择【窗口】|【二级页面.psd】，切换到二级页面文件。

10. 放置好网站 LOGO 后，在其下方 40 像素的区域内可放置一个位置导航条，用以提示访问者他目前所处的位置、进入此位置的方法，以及此位置在整个网站中的逻辑结构，并可使访问者方便地回到任意一层上级页面。位置导航条的绘制方法将在下一节中介绍。

11．在位置导航条的下方，采用前几节介绍过的方法，为页面绘制左侧导航条。效果如图 3-31 所示。

12．在距离页面下边缘 50 像素的区域内我们用来建立网站的版权信息。

13．网站版权信息的建立方式与主页上的版权信息相同。你也可以直接打开主页草图，将上面建立的网站版权信息拷贝过来即可。其效果如图 3-32 所示。

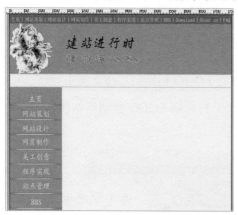

图 3-31　在位置导航条下面绘制左侧导航条

图 3-32　绘制版权信息

14．页面中间的空间内可用来放置当前栏目的内容。网页内容的具体制作方法将在下一节中介绍。

提示　由于二级页面中有许多与首页草图相类似的部分，我们完全可以利用前面所讲的【复制】【粘贴】技术来加快制作速度。

绘制带特效的位置导航条

位置导航条是网页中不可缺少的组成部分，其风格应该与网站的整体风格一致，因此我们使用主页背景图像中的深蓝色作为位置导航条的主色调。为增加网页的生动性，我们还将为位置导航条添加一个特效。根据整个布局比例和为位置导航条预留的位置，我们在画布上绘制一条高 40 像素、宽 760 像素的位置导航条。

具体步骤如下：

1．从水平标尺中拖出两条水平参考线，在页面上拖动两条参考线确定一个高度为 40 像素的区域。

2．如图 3-33 所示，选择工具面板中的"圆角矩形工具" ，设置圆角的半径为 5px、填充颜色为"#5E8DDB"，在参考线确定的区域内拖出一个矩形。

图 3-33　使用圆角矩形工具绘制位置导航条

工具箱中的一个工具按钮可选择多种类型相似的工具。在工具按钮上单击鼠标右键会弹出工具选择菜单。

3．现在我们要为位置导航条加上特殊效果。首先，我们要先确定位置导航条处于选中状态。

4．选择【滤镜】|【艺术效果】|【底纹效果】，在弹出的"底纹效果"对话框中，进行如图 3-34 所示的设置。

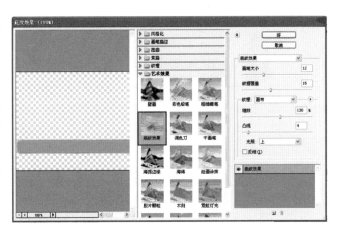

图 3-34　"底纹效果"对话框

在图 3-34 所示窗口中，我们可以直观地看到特殊效果的样式，你也可以为"位置导航条"选择喜欢的特殊效果。

5．设置好后，单击【好】按钮，我们会发现，底纹效果已经应用到位置导航条上了。效果见图3-35。

图3-35　应用效果后的位置导航条

之所以要为位置导航条设置特殊效果，是为了防止顶部导航条与位置导航条风格的重复。

图3-36　位置导航条最终效果图

6．为矩形添加底纹效果后，还需要为它添加位置导航信息，才能使它起到位置导航的作用。选择工具面板中的"横排文字工具" $\boxed{T}$ ，设置文本的字体为"黑体"、字号为"18"、颜色选择为"白色"，将文本加粗，然后在有底纹效果的矩形上单击鼠标，输入"当前位置：首页 → 程序实现"。

7．调整文本的位置，使位置导航条的最终效果如图3-36所示。

　　提示　具体制作页面时，随着所处位置的不同，此位置导航条中的文字也不尽相同。

"程序实现"页面内容输入

由于"程序实现"页面是一个二级页面，在"程序实现"下面还细分了7个小栏目，所以"程序实现"页面的内容主要由两个部分组成，它们分别是三级栏目标题和栏目内容提要。

下面让我们来制作这两个部分。

1．利用参考线，根据三级子栏目的数量，将页面的中间部分分割成如图3-37所示的几个区域。

2. 选择工具面板中的"直线工具" ⟍，设置"粗细"为 1 px、样式为"无"、颜色为"＃6D7E97"，在中间部分拖动鼠标，画出直线，将中间分割成 8 个部分，如图 3-38 所示。

 提示 画完第一条直线后，从第二条直线开始，画直线时应在按住【Shift】键的同时拖动鼠标，以使这几条直线在一个图层中。

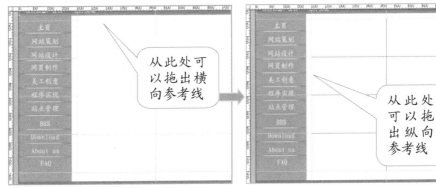

图 3-37　利用参考线定位页面布局　　　　图 3-38　划分页面区域

3. 选择工具面板中的"横排文字工具" T，设置文本的字体为"黑体"、字号为"18"、字体颜色为"＃748599"，将"程序实现"的子栏目标题"JavaScript、VBScript、ASP、ASP.NET、PHP、经验技巧、源码交流"输入到刚刚分割开的 8 小块区域内，且在每一个子栏目的后面加上"more…"，以用来提示浏览者本栏目还有更多的文章，使浏览者可以进入相应子栏目的三级页面中寻找感兴趣的文章。实现后的效果如图 3-39 所示。

 提示 在实际制作页面时，我们将会给这些子栏目标题加上超级链接，以实现网站内部栏目之间的跳转。

4. 将文本的字体改为"宋体"，字号设置为"16"，字体颜色设置为"黑色"。将"程序实现"栏目的各个子栏目中的经典文章、热门文章以及最近更新的文章标题输入相应的子栏目标题下。

5. 为了方便浏览者浏览，与首页类似地，我们在中间页面区域的底部，也加上"[回到页首]"链接文字。

最后完成的整个程序实现二级页面的效果如图 3-40 所示。

图 3-39　输入子栏目标题文本　　　　图 3-40　"程序实现"二级页面效果图

 提示　文字"[回到页首]"，应位于中间内容部分的水平居中位置。

导出二级页面素材图片

由于在使用 Dreamweaver 制作网页的过程中需要用到位置导航条图片和子栏目分隔线，所以我们要将它们导出为网页可用的资源文件。另外，由于分隔线图像可以在页面中通过平铺来进行填充，所以我们只需导出一小块分隔线图案即可。

导出素材图片的步骤如下：

1. 选择工具面板中的"魔棒工具"，在位置导航栏处单击，将位置导航栏全部选中，如图 3-41 所示。

容差值用来确定颜色的近似程度

"魔棒工具"能一次性选取颜色相近的区域

图 3-41　通过"魔棒工具"选取位置导航栏

2. 选择【编辑】|【拷贝】命令，将位置导航栏图像拷贝到剪贴板。

3．选择【文件】|【新建】命令，新建一个文档。

4．选择【编辑】|【粘贴】命令，将复制的位置导航条图像粘贴到新文档中。效果如图 3-42 所示。

图 3-42　位置导航条文件

5．选择【文件】|【存储为】命令，在弹出的"存储为"对话框中设置如图 3-43 所示。将位置导航条图像存储为"E:\building_site\image\plcnvgtn.gif"。

文件保存路径

文件名称

文件存储类型

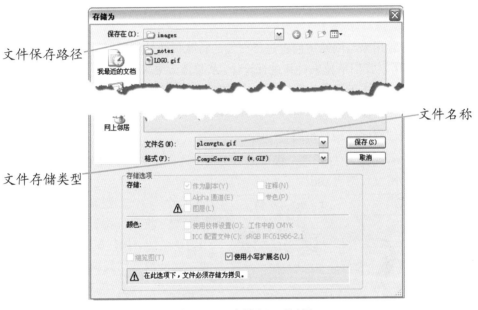

图 3-43　"存储为"对话框

6．利用工具面板中的"矩形选框工具"，选择子栏目之间分隔条的十字交叉部分，如图 3-44 所示。

7．采取与步骤 2 至步骤 5 类似的方法，将此图像保存到"E:\building_site\image"目录下，文件名称设置为"compart cross.gif"。

图 3-44　十字交叉

8．类似地，截取二级页面图像中的水平分隔条的一小部分，将水平分隔条保存为"E:\building_site\image\compartplane.gif"。

9．类似地，截取二级页面图像中的垂直分隔条的一小部分，将垂直分隔条保存为"E:\building_site\image\compartapeak.gif"。

当选取的对象较小时，我们可以利用工具面板中的"缩放工具" 将图像放大后再进行选取。

表单页面设计

表单是一种用来与网站访问者进行交流的特殊页面，与其他的二级页面在功能上有所不同，所以我们单独来对其进行设计。从整体效果来看，表单页面布局与"程序实现"页面的整体布局是一样的，只是在中间的内容部分有一些变化，所以我们可以直接借用"程序实现"的布局，然后更改中间部分即可。

一、应用"程序实现"布局

1. 在 Photoshop 中打开"二级页面"文档，选择【文件】|【存储为】命令，将它另存为"网友反馈表.psd"。

图3-45 修改位置导航条内容

2. 删除无用的参考线：将鼠标指针移动到参考线上，按住鼠标左键，将参考线拖动到画布之外即可。

3. 利用工具面板中的"横排文字工具" T 修改位置导航条上的文字，如图3-45所示。

4. 选中页面中间部分的内容，按【Delete】键将它们删除。最终效果如图3-46所示。

图 3-46　"网友反馈表"页面布局

二、制作表单内容

1. 使用工具面板中的"矩形工具" 和"直线工具" ，在页面中间部分绘制如图 3-47 所示的 7 行 2 列的表格。其中，表格的第一行用来放置表单标题，所以不需要分列。

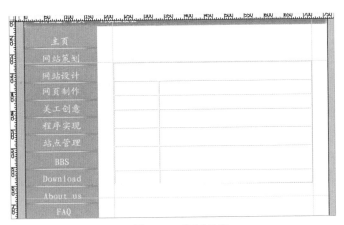

图 3-47　绘制表格

提示　矩形工具与直线工具位于同一个工具按钮。
在绘制表格时，需要对矩形工具和直线工具的参数进行设置。

2. 使用工具面板中的"油漆桶工具" ，将表格的第一行底色设为"#83A8EE"，下面几行单元格的底色设为 "#DDECFE"，效果如图 3-48 所示。

提示 由于表格的第一行我们用来放置表头，因此它的颜色应与下面的单元格颜色不同。

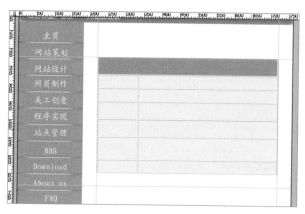

图 3-48 为表格填充背景色

3. 采用与前面小节中类似的方法，将网站 LOGO 中的花朵图案调整大小后导入表格的第一行中。

4. 在表格第一行，利用工具面板中的"横排文字工具"**T** 在刚刚导入的花朵图案旁边输入文本"网友反馈表"。如图 3-49 所示调整花朵和文字的位置。

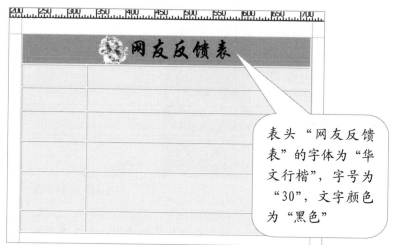

表头"网友反馈表"的字体为"华文行楷"，字号为"30"，文字颜色为"黑色"

图 3-49 制作表头

5. 利用工具面板中的"横排文字工具" **T** 输入调查表单的项目名称，例如："姓名""E-Mail"等。

6. 利用工具面板中的"矩形工具" ▢ 绘制出用于让网友输入信息的空间。

7. 利用工具面板中的"椭圆工具" ◉ 绘制性别中的单选框。绘制图形时请注意设置样式和填充颜色等参数的设置。

8.利用工具面板中的"圆角矩形工具"和"横排文字工具"**T**为网友反馈表绘制"提交"和"重填"按钮。

9.利用工具面板中的"移动工具"分别调整各个项目的位置，精确定位时最好借助参考线。最终效果如图 3-50 所示。

图 3-50 绘制完成的"网友反馈表"内容

> **提示** "矩形工具""椭圆工具"和"圆角矩形工具"位于工具面板中的同一个工具按钮中。

绘制并导出线条

表单页面中比较特殊的设计是在表单的左上角和右下角添加了两组具有渐细效果的垂直交叉直线，制作该效果的步骤如下：

1.选择工具面板中的"画笔工具"，按图 3-51 所示对画笔工具的属性进行设置，在画布上绘制一条横向的短直线。

图 3-51 运用"画笔工具"绘制图像

提 示

在画笔调板中：

模式反映了画笔的效果。

主直径用来设定笔画的粗细。

流量可控制线条的深浅。

硬度用来控制画笔头边缘的虚实。

2．通过不断改变画笔主直径值，画出一条渐细的横向直线。

3．采用类似的方法，在画布上绘制一条与横向直线交叉的纵向直线。直线的长度应与中间表格的比例相当，不应短于表格宽度的一半。效果如图 3-52 所示。

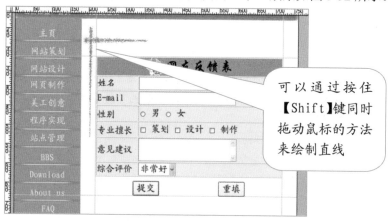

可以通过按住【Shift】键同时拖动鼠标的方法来绘制直线

图 3-52　绘制左上角交叉线

4．利用工具面板中的"矩形选框工具" ▢，在画布中拖动鼠标，选中刚刚绘制的交叉线条。

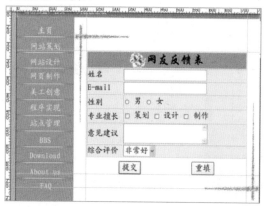

图 3-53　最终效果图

5．选择【编辑】|【复制】将交叉线复制到剪贴板。选择【编辑】|【粘贴】将交叉线粘贴到画布中。

6．选择【编辑】|【变换】|【旋转 180 度】命令，将交叉线旋转方向。

7．选择工具面板上的"移动工具" ▸⊕，将交叉线移到第一组交叉线的对角位置。最终效果如图 3-53 所示。

8．由于表单中的大部分内容我们在 Dreamweaver 中都可以轻松实现，因此这里只需将两组交叉线图像导出即可。

9．采用与之前导出图像类似的方法，将左侧和右侧交叉线分别粘贴到新建文档中，如图 3-54 所示，然后将它们分别保存为 GIF 文件。

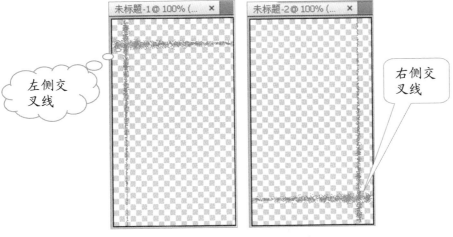

图 3-54 左侧和右侧交叉线

提示

两组交叉线图像都保存在 \building_site\images 目录下。左侧交叉线的文件名为 leftcross，右侧的文件名为 rightcross。

经过上一章利用 Photoshop 完成页面设计之后，我们心目中设想的网页已经能够生动地展现在眼前。你是否已经迫不及待地想看到你设计的网站迎来无数的访客？是否已经急切地想与别人一起分享你的设计成果了呢？下面，让我们一起进入网页的开发阶段。

Dreamweaver 被广大的网页制作者推崇为"梦幻编辑器"，其强大的功能让无数支持者为之倾倒。无论用户是喜欢可视化的网页开发环境，还是喜欢手写代码，Dreamweaver 都能提供对应的工具，使用户拥有更加完美的 Web 创作体验。

通过本章的学习，你将可以利用 Dreamweaver 制作完成一个完整的、具有一定交互功能的网站。

第四章

运用 Dreamweaver 制作主页

本章学习目标

◇ 设置页面属性

　　学会对网页标题和草图属性等页面基本属性进行配置。

◇ 调整页面布局

　　学会根据背景草图，划定页面布局结构。

◇ 添加页面内容

　　熟练掌握在 Dreamweaver 中为页面添加文本、图像的操作方法。

◇ 利用表格修饰页面布局

　　学会使用表格进行布局的方法及技巧。

◇ 为导航栏建立超级链接

　　了解何谓超级链接，学会多种制作超级链接的方法。

◇ 利用 JavaScript 显示动态日期

　　通过一段 JavaScript 小代码，实现在主页 LOGO 左侧显示动态日期的功能。

◇ 将 "[回到页首]" 链接到锚记

　　学会如何创建锚记，并掌握将文字链接到锚记的方法。

◇ 为页面设置 CSS 样式

　　简单了解何谓 CSS，掌握如何创建 CSS 以及将 CSS 样式应用到页面对象的方法。

设置页面属性

首先，让我们一起来制作"主页"这个网页。制作主页的大致步骤可分为：设置页面属性→调整页面布局→添加页面内容→设置表格中元素属性→修饰调整页面布局→利用表格进一步排版→设置主页导航栏等。

图 4-1　使用 Dreamweaver 打开 index.html

本节中，我们先介绍为主页设置标题和草图属性的操作方法。

1. 打开 Dreamweaver 软件，在文件管理面板中双击已经保存为空白文档的主页文件"index.html"，此时 Dreamweaver 将打开"index.html"文档窗口，如图 4-1 所示。

> 提示　若你没有看到站点文件管理面板，可通过选择【站点】|【管理站点】命令打开"管理站点"窗口，选择站点。

2. 单击属性面板中的【页面属性】，打开"页面属性"对话框，首先在"标题/编码"页中的标题栏中输入"欢迎光临建站进行时网站"（如图 4-2 左图所示），然后为页面设置草图（如图 4-2 右图所示）。

> 提示　选择"跟踪图像"页，单击"跟踪图像"栏右侧的【浏览】按钮，选择上一章中我们绘制的主页草图，并把透明度设为 30%。

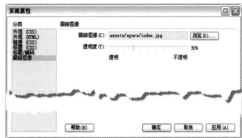

图 4-2　"页面属性"窗口

调整页面布局

接下来就可以根据草图的提示制作页面的布局结构。

1．单击对象面板里【布局】标签页中的【扩展】按钮，将文档窗口切换到布局视图状态下，如图4-3所示。

2．在布局对象面板中单击"绘制 AP Div" 按钮，此时鼠标指针变为"＋"形状，可以在页面中绘制布局表格。

3．在页面中向下方拖拽鼠标指针，绘制第一个布局表格。

4．按住【Ctrl】键不放，单击"插入 Div 标签"按钮，根据草图中的背景效果图拖动鼠标，绘制出分别用于放置背景图片、绘制导航栏和插入文本的布局单元格。整体效果如图4-4所示。

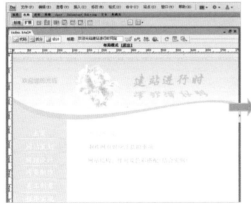

图 4-3　切换到布局视图　　　　　图 4-4　绘制布局表格

布局表格的大小应与主页草图的大小一致。

为了加快网页的显示速度，可以利用 Photoshop 提供的切片功能将背景图片切成几个小块。

添加页面内容

利用布局表格确定了页面整体的布局结构之后，下面让我们向其中添加图像和文本信息。

一、导入LOGO图片

1. 将对象面板切换到常用面板。在文档窗口中将光标定位到要添加图像的布局单元格，单击对象面板中的"图像" 工具，如图 4-5 所示。

图 4-5　选择"图像"工具

通过单击插入工具条上的标签页，可使插入工具面板在"常用""布局""表单"等面板之间切换。

2. 在弹出来的"选择图像源文件"对话框中，点击查找范围下拉列表框，将

查找范围框定位到 "E:\building_site\images\"，在下面的文件列表中选择 "right.jpg"，最后单击【确定】按钮，选择的图像即被插入单元格中。设置如图 4-6 所示。

图 4-6 "选择图像源文件"对话框

在此窗口点击【确定】后，在弹出的"图像标签功能属性"对话框中输入替换文字，可在图像无法显示时提示用户此图片的内容。

3. 按上述方法，将其他几幅图像插入网页的相应位置。效果如图 4-7 所示。

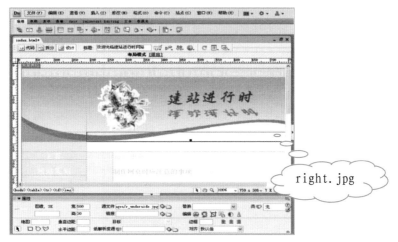

图 4-7 插入图像后的效果图

提示　可以看到，我们并没有将欢迎信息的文字做成图像，我们将在后面的章节中使用 Dreamweaver 填入相关的内容。

二、输入顶部导航栏文字

1．选择顶部导航栏，在属性面板中将背景色设为"#5E8DDC"，垂直对齐选择"居中"。

2．在布局单元格内单击，选择字体为"宋体"、字号为"16"，颜色为"白色"，对齐方式为"居中对齐"。输入顶部导航条内容。

三、制作左侧导航条

1．下面制作左侧导航条。先将导航条背景色设为"#88AEE4"。

2．将字体设为"楷体"，字号为"22"，颜色为"白色"，对齐方式为"居中对齐"。输入左侧导航条内容。

3．在需要插入分隔条的位置，选择"插入图像"工具，插入分隔条。效果如图4-8所示。

图4-8　左侧导航栏

四、制作底部版权信息

1．在底部版权信息部分，设置背景色为"#5E8DDC"，垂直对齐选择"居中"。版权信息的字体为"宋体"、字号为"16"，颜色为"白色"，对齐方式为"居中对齐"，输入版权信息。

2．选中刚刚输入的版权信息，右击鼠标，在出现的上下文菜单中选择【样式】|【下划线】。

五、制作"最近更新"栏目（效果如图4-9所示）

1．设置字体为"宋体"，字

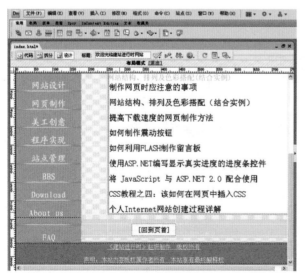

图4-9　添加内容效果图

号为"22"、颜色为"#6D7E97",输入"最近更新"栏目标题。

2. 设置字体为"宋体",字号为"22"、颜色为"黑色",输入"最近更新"栏目的内容。

3. 设置字体为"宋体",字号为"18",颜色为"黑色",在底部输入文本"[回到页首]"。

利用表格修饰页面布局

输入"最近更新"栏目内容时我们会发现,由于字体大小不同等原因,最近更新信息的内容与左侧导航栏的文字并不能总是保持在一排上,因而影响了页面的整齐和美观。下面,让我们利用表格工具对页面的布局进行修饰,使其更加符合设计要求。

1. 将鼠标定位到"最近更新"栏目。

2. 将对象面板切换到布局面板,单击"标准模式"按钮,将页面的显示模式改为标准模式,选择对象面板中的"表格"按钮。在弹出的"表格"对话框中,对表格属性进行如图4-10所示的设置。

3. 将"最近更新"的内容移动到表格单元格内,并调整单元格高度。最终效果如图4-11所示。

图 4-10 "表格"对话框

图 4-11 利用表格调整布局后效果图

1. 导航栏共有 10 行，所以将表格的行数设置为 10 行。我们不需要显示表格边框，所以设置边框粗细为 0 像素。

2. 可将单元格的垂直对齐方式设置为"底部"，以使最近更新的文字与导航栏的文字平行。

为导航栏建立超级链接

超级链接是网页的灵魂，Internet之所以发展得如此迅速，受到各界人士的普遍重视，除了其具有丰富的内容以及制作精美的页面之外，更重要的是网页之间能够相互关联的特性。正是因为超级链接的存在，才有了人们常说的"网络无国界"。恰当地运用链接，使访问者能够跳转到站点中的其他页面，将为网站增色不少。如果需要，还可以设置通过超级链接跳转到其他网站，如图 4-12 所示。

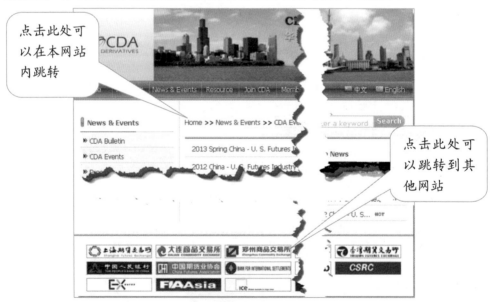

图 4-12　不同类型的超级链接

Dreamweaver 提供了多种制作超级链接的方法，下面我们将通常为主页的顶部导航条和左侧导航条建立超级链接来介绍 3 种设置超级链接的方法。

方法一：

1. 让我们先设置顶部导航栏。在页面顶部导航栏中选取"主页"文字，在属性面板中的"链接"框旁边单击"浏览文件" ，在弹出的选择文件对话框中，定位到网页的 index.html，单击【确定】按钮，即为"主页"建立了到 index.html 网页文件的超级链接，如图 4-13 所示。

2. 使用相同的方法为顶部导航栏中其他栏目的导航文字添加指向对应页面的超级链接。最终效果如图 4-14 所示。

 此时我们会发现，当我们为文字设置超级链接后，文字的颜色就发生了变化，对此，我们在后续章节中会进行处理。

图 4-13　"选择文件"对话框　　　　图 4-14　顶部导航栏设置超级链接后效果图

方法二：

1. 下面我们使用"指向文件"工具（其图标为 ）来为左侧导航栏设置超级链接。"指向文件"是 Dreamweaver 特有的，用于创建超级链接的可视化工具，用它可以创建连接到多种目标的超级链接，如站点窗口中的文件或已打开文档中的可见锚点等。

2. 选取左侧导航栏的"主页"，将 index.html 文件从站点文件管理窗口拖动到文本属性面板中的"链接框"中，然后释放鼠标，即可在两者间建立超级链接。

方法三：

我们也可以通过在"指向文件"图标 上按住鼠标左键不放，将 拖动到相应的文件上创建超级链接，如图 4-15 所示。

上面介绍的 3 种设置超级链接的方法并没有什么优劣之分，我们完全可以根据自己的习惯选择任意一种方法。

使用任意一种方法为其他几个栏目的文字添加指向对应页面的超级链接。最终效果如图 4-15 所示。

图 4-15　使用"指向文件"工具创建超级链接

 当文字或图像被选中时，可以从属性面板中找到"指向文件"图标。此外，在站点地图视图中，被选中文件的旁边也会出现🌐图标。

利用 JavaScript 显示动态日期

Dreamweaver不仅可以用于制作普通的静态页面，而且还可以进行动态网页的设计。所谓动态网页，就是访问者发出请求后，由服务器根据访问者的请求，生成网页，使访问者可以从服务器上获得动态的结果，并以网页的形式显示在浏览器中。目前网站上有很多丰富多彩的网页的主要原因是在网页中嵌入了ASP与JavaScript等脚本语言。

本书的重点是介绍静态网页的制作方法。因此下面仅简单地介绍一下如何利用JavaScript实现在欢迎信息栏动态显示当前日期的步骤。

1．单击布局对象工具面板中的"绘制AP Div" 按钮，在欢迎信息栏中绘制一个层，如图4-16所示。

2．在该层内，输入文本"欢迎你的光临"，字体为"隶书"、大小为"24"，颜色为"黑色"，对齐方式为"居中对齐"，如图4-17所示。

图 4-16　插入新层

图 4-17　输入文本

提示

图层是网页的一个区域，在一个网页中可以有多个图层存在。图层最大的特点是可以重叠，并且可以设置每个图层是否可见。

3．切换到"代码视图"下，把下面这段代码嵌入到<div id=…></div>之间。如图 4-18 所示。

```
<script language="javascript"> <!--
mytime=new Date();//注释：创建一个Date对象
mydate=mytime.getDate();//用来获取当前日期
mymonth=mytime.getMonth()+1;//给月份加1来符合当前的月份数据
myye=mytime.getYear();//用来获取当前所在的年份
document.write(myyear); document.write("年");//输出年份
document.write(mymonth); document.write("月");//输出月份
document.write(mydate); document.write("日");//输出日期
//--> </Script>
```

提示

JavaScript 是一种面向对象、跨平台、结构化、多用途的语言，它可以控制和改变 HTML 无法达到的效果。

4．在IE浏览器中打开主页的效果如图 4-19 所示。随着打开网页的日期不同，显示在欢迎栏中的日期也会改变。

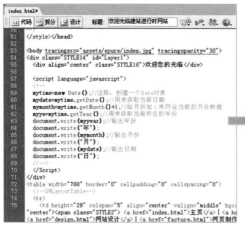

图4-18 输入JavaScript代码

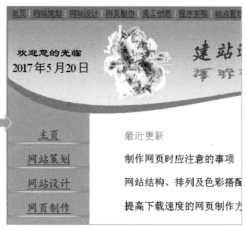

图4-19 在浏览器中的显示效果

将"[回到页首]"链接到锚记

网页较长时，我们可以在页面的上端先建立一个锚记，然后在页面底部建立链接到页面顶端的锚记链接，这样，当访问者阅读完该网页时，只要单击相应的超级链接，便可立即定位至页面最上面的锚记了。

1. 打开index.html文档，将鼠标定位到顶部导航栏的主页前面。

2. 将对象面板切换为"常用面板"，选择"命名锚记" 。在弹出的"命名锚记"对话框中，设置锚记名为top，如图4-20所示。

图4-20 "命名锚记"对话框

锚记名可以包含英文字母和数字。
尽量不要使用中文，因为许多 Web 服务器并不支持中文。

3. 采用建立超级链接的方法，将页面底部的"[回到页首]"文本链接到刚刚建立的锚记处，如图4-21所示。

图4-21 将"[回到页首]"链接到锚记

为页面设置 CSS 样式

CSS是Cascading Style Sheet的缩写，亦称"层叠样式表"。CSS是W3C组织批准的一个辅助HTML设计的新特性，能够保持整个HTML的统一外观。以前设置网页文本样式时，为保持整个段落都采用相同的外观，不得不分别为每一段设置属性，较为麻烦。如果使用了CSS，那么只要指定整个文本的属性，即可获得统一的显示效果。

Dreamweaver中的CSS样式面板（图4-22），集样式管理和编辑于一身。它显示了本文档中所用到的所有样式，在这里我们可以为文档新建样式，对已有的样式进行整理、编辑、

图4-22 CSS样式面板

删除等操作。我们在制作页面时已经对页面进行了一部分的样式设置，所以可以看到在CSS样式面板中已经存在的一些样式，下面我们将利用CSS样式面板对页面样式进行调整。

 选择【窗口】|【CSS样式】或者按【Shift】+【F11】快捷键，即可打开 CSS 样式面板

1. 新建一个样式 body，用于控制页面四周不留边界，以使网页在显示时不会出现白边。选择 CSS 样式面板的"新建 CSS 规则" 。在弹出的对话框中进行如图 4-23 所示的设置。

2. 单击【确定】按钮，在弹出的"body 的 CSS 规则定义"对话框中，进行如图 4-24 所示定义。单击【应用】按钮，即可看到页面应用了相应的变化。单击【确定】按钮退出规则定义对话框。此时在 CSS 样式面板中可以看到刚刚新建的 body 样式规则。

图 4-23 "新建CSS规则"对话框

图 4-24 "CSS规则定义"对话框

在 HTML 文档的代码页面，我们在文档的 head 部分可以找到 HTML 的 style 组件，它包含了网页的样式规则。

下面让我们利用伪类来设置页面超级链接和锚记的样式。伪类可以指定超级链接 A 元素以不同的方式显示：连接（links）、已访问连接（visited）和可激活连接（active）。定位锚元素有伪类：link、visited 或 active。

1. 新建 CSS 规则：新建规则，设置选择器名称为 a:link，其他设置如图 4-25 所示。

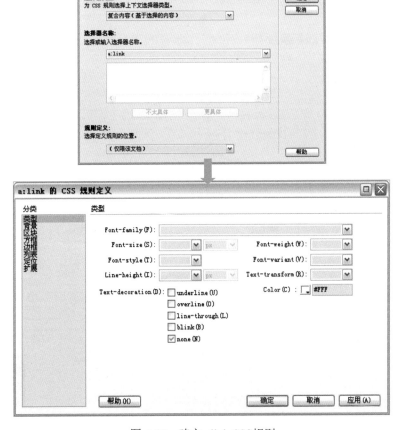

图 4-25　建立 a:link CSS 规则

2. 类似地建立选择器：a:active、a:visited。设置颜色为"白色"，修饰为"无"。

如图 4-26 所示。

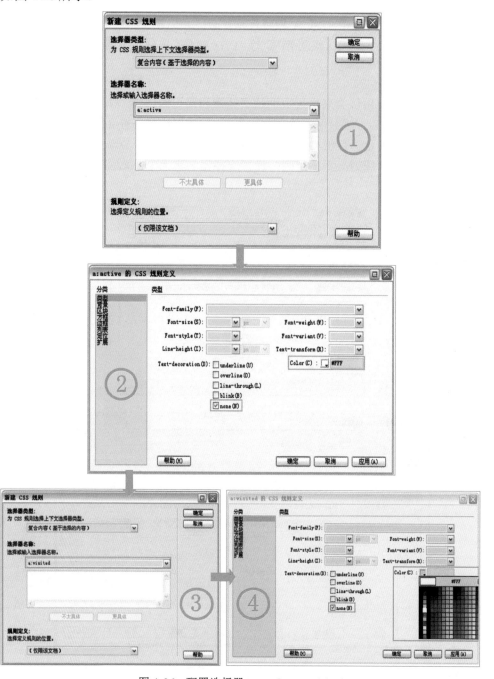

图 4-26　配置选择器：a:active、a:visited

3. 应用 CSS 样式后的最终效果如图 4-27 所示。

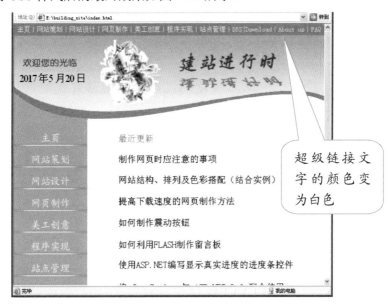

图 4-27 应用CSS样式后的效果图

提示 我们实现的设计是让超级链接文字访问前后都会以相同的样式显示。读者也可以根据自己对页面的设计，为超级链接文字加入一些变化。

经过上一章对"建站进行时"网站首页的制作，相信你对如何使用 Dreamweaver 制作网页已经有了一个大体的了解。但是，Dreamweaver 作为一款专业的网页制作软件，还有许多强大的功能和技巧我们还没有使用。

本章我们将通过制作二级页面中几个比较有代表性的网页，简单介绍一下如何利用 Dreamweaver 快速、便捷地制作网页。

另外，我们将介绍如何利用 Dreamweaver 中的模板功能使整个网站的风格保持一致并且力争简化工作量，以及如何利用基本控件制作用户表单等内容。

第五章

制作二级页面

本章学习目标

◇ 制作页面模板

掌握绘制页面布局的方法和技巧，并介绍将制作好的网页保存为模板的方法。

◇ 制作"当前位置"导航条

掌握在文档中制作"当前位置"导航条的方法。

◇ 制作站点导航条和版权信息

通过制作站点导航条和版权信息等内容，熟练掌握在 Dreamweaver 中插入文字、图片等内容的方法。

◇ 设置可编辑区域

介绍可编辑区域和不可编辑区域的特点，学会在模板中设置可编辑区域的方法。

◇ 应用模板

学会如何利用已有的模板创建网页。

◇ 利用表格制作二级页面

会利用表格，在页面中定位并输入文字内容。

◇ 制作表单

学会在 Dreamweaver 中制作具有交互功能的表单的方法。

◇ 通过邮件接收表单信息

学会利用电子邮件系统收集访问者填写的反馈表信息数据。

制作页面模板

考虑到我们网站的二级页面和三级页面都采用了类似的布局,因此可以将公共部分设计为模板,以避免重复操作。制作页面模板的大致步骤为:绘制模板整体页面布局→保存模板→制作"当前位置"导航条→制作站点导航条和版权信息→设置可编辑区域。

一、绘制页面布局

1. 运行 Dreamweaver。选择【文件】|【新建】命令,在弹出的"新建文档"对话框中做如图 5-1 所示的设置。单击【创建】按钮,创建一个空白模板文件。

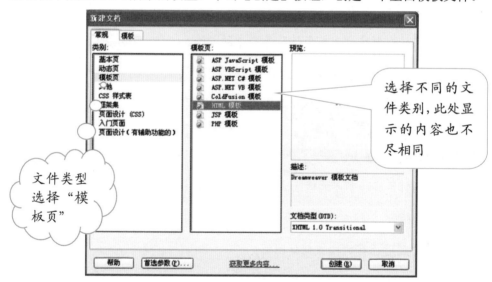

图 5-1 "新建文档"对话框

2. 单击属性面板里的【页面属性】按钮,在弹出的"页面属性"对话框中进行相应设置(图 5-2、图 5-3)。

 提示 选择"跟踪图像"分类,设置跟踪图像为在第三章中绘制的"程序实现"页面的草案,即:"file:///E:/building_site /assets/epure/二级页面.jpg",设置透明度为 30%。

图 5-2 设置"外观（CSS）" 　　　　图 5-3 设置"标题/编码"

3．单击【确定】按钮后，新建的模板文件效果如图 5-4 所示。

4．在布局对象面板中单击【扩展】按钮，将文档页面切换到布局模式，以便对页面进行合理的布局设计。

5．选择布局对象面板中的"绘制 AP Div"工具，此时鼠标指针变为一个"+"形，按住鼠标左键拖出一个总的布局表格。

6．再次选择布局对象面板中的"绘制 AP Div"工具，按住【Ctrl】键，依次绘制出上、中、下三个布局表格。上部布局表格用来放置顶部导航条和网站 LOGO；中部布局表格用

图 5-4 设置模板页页面属性效果图

来放置位置导航条、左侧导航条和栏目内容；底部布局表格用来放置版权信息等。

7．选择布局对象面板中的"插入 Div 标签"工具，在最上边的布局表格中绘制出 2 行布局单元格；下边的布局表格中，绘制一个和该表格大小相同的布局单元格。最终效果如图 5-5 所示。

提示　在中间的布局表格中绘制一个放置位置导航条的布局表格和一个放置左侧导航条的布局单元格。

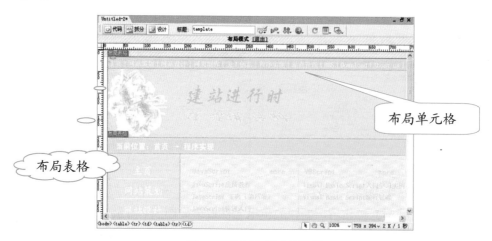

图 5-5　绘制布局后效果图

二、保存模板

为了使模板中所使用的图像都采用相对路径，所以接下来需要将所制作的页面效果保存为模板，步骤如下：

1. 选择【文件】|【另存为模板】菜单，在弹出的警告窗口中，单击【确定】按钮。

2. 在弹出的"另存为模板"对话框中做如图 5-6 所示的设置。

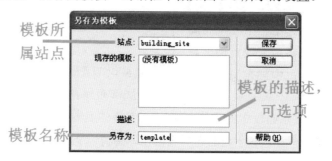

图 5-6　"另存为模板"对话框

3. 设置完成后，单击【保存】按钮。

> **提示**　模板文档的扩展名为.dwt。对于使用模板生成的文档，仍然可以进行修饰。当改变一个模板时，可以同时更新使用了该模板的所有文档。

之所以要使用模板，是因为它具有以下优点：有利于保持网站整体风格的一致性；若要修改通用的页面元素，只需更改它们的模板，从而提高了网页制作效率。

制作"当前位置"导航条

下面制作用于显示"当前位置"的位置导航条。

1. 选中用于放置位置导航条的布局单元格，然后单击对象面板中的【标准模式】 标准 按钮。使页面文档切换到标准显示模式，在属性面板中单击背景框后的单元格背景 URL 图标，在弹出的对话框中进行如图 5-7 所示的设置。

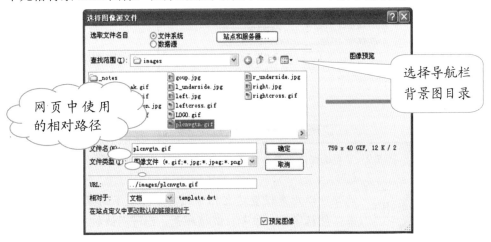

图 5-7　通过"选择图像源文件"菜单插入剪贴画

2. 切换到布局视图下，在位置导航栏中输入"当前位置：主页 → "，选中全部文字。单击属性面板中"大小"框，设置字体大小为"20"，字体为"黑体"，字体颜色为白色。如果文字在背景图片上不是垂直居中，可先选中单元格，然后单击"垂直"框后的倒三角按钮，从弹出的选项中选择"居中"。效果如图 5-8 所示。

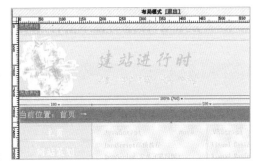

图 5-8　添加"位置导航条"文字

提示 我们可以通过按【F12】键，在 IE 浏览器中浏览此时的页面效果。

3．选中位置导航条上"首页"文字，单击属性面板"链接"框后的【浏览文件】按钮，在弹出的"选择文件"对话框中选择链接站点根目录下的主页页面"index.html"。

4．此时链接文字"首页"自动按默认的链接颜色——蓝色显示。为了使位置导航条上的文字颜色相一致最好还是使用白色，但用前面介绍的方法更改文字"首页"的颜色将不起作用。此时可先选中文字"首页"，然后单击属性面板中的【页面属性】按钮，在弹出的"页面属性"对话框中进行如图 5-9 所示的设置。

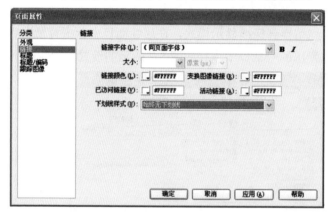

图 5-9 "页面属性"对话框

提示 此处可以用来设置该文档中所有链接文字的显示效果，包括字体、字号、链接颜色、已访问链接颜色、活动链接颜色、是否有下划线等。

5．有没有觉得位置导航条上的文字太靠左边了？应该为它设置一点缩进。为位置导航条上的文字添加缩进的方法是：将输入法切换到中文，并将标点符号设置为全角，然后将鼠标光标定位到"当前位置：首页 →"文字中的"当"字前面，按一次空格即可。位置导航条最终效果如图 5-10 所示。

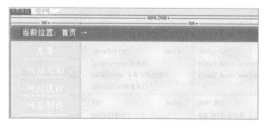

图 5-10 调整文字位置效果图

提示 只有在输入法中将输入设置改为全角标点符号，输入的空格才会在页面中显示出来。

制作站点导航条和版权信息

作为一个网站，网页与网页之间的联系应该是紧密的，它们之间既层次鲜明又相互关联。为了使访问者不论到达哪个页面都可以方便地跳转到站点中的其他栏目，我们在页面顶部和左侧分别设置了一个导航条。此外，页面的版权信息经常也是网站的一个特定组成部分。制作站点导航条和版权信息的方法如下。

一、制作顶部导航条

1. 使文档工作界面切换到标准模式，将鼠标定位到第一个布局表格中顶部导航栏的位置，在属性面板中的单元格背景颜色框中输入颜色值"#5E8DDC"，如图 5-11 所示。

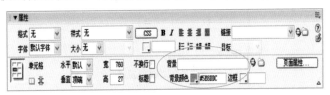

图 5-11　设置顶部导航栏背景颜色

2. 将鼠标定位到顶部导航条所处单元格中，输入文字"主页｜网站策划｜网站设计｜网页制作｜美工创意｜程序实现｜站点管理｜BBS｜Download｜About us｜FAQ"，选中导航条文字，在属性面板中按图 5-12 所示设置。

图 5-12　制作顶部导航栏

在"属性"面板中作如下设置:
文本——字体为"宋体"、字号为"17"。

提

示
单元格——水平为"居中对齐",垂直为"居中"。

3.选择文字中的"首页",点击属性面板中的链接框后的【浏览文件】按钮, 在弹出的"选择文件"对话框中进行如图 5-13 所示的设置。

图 5-13　选择链接目标文件

4.类似地,为导航栏中的其他栏目创建链接。其标题与文件的对应关系如提示所述。

提

示
其他栏目对应的文件名称为: plan、design.html、 facture、art.html、programme.html、manage、 bbs.html、download、aboutus、faq。

二、制作左侧导航条

1.将页面切换到布局模式,将光标定位到左侧导航条布局表格中。

2. 选择布局对象面板中的"插入 Div 标签"按钮，按照背景草图的指引，在左侧导航条布局表格中按住【Ctrl】键不放，绘制若干个用于放置文本和导航栏分隔条的布局单元格，整体效果如图 5-14 所示。

按住【Ctrl】键不放，可用来绘制多个布局单元格。
按住【Alt】键不放，则可用来防止单元格靠齐。

3. 将文档切换到标准模式，在左侧导航栏的相应单元格内输入栏目标题文字。

4. 采用与顶端导航栏相似的方法，为左侧导航栏里的每个标题文字加上超级链接。效果如图 5-15 所示。

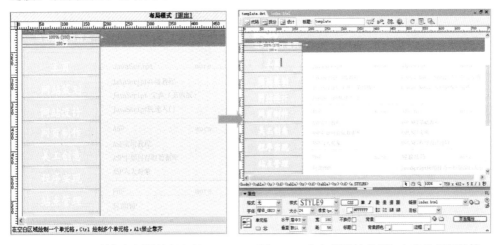

图 5-14　制作左侧导航条布局　　　　图 5-15　为左侧导航条添加文字及超级链接

栏目标题文本字体为"楷体"，字号为"24"，对齐方式为"水平居中对齐"。

5. 设置左侧导航栏单元格背景颜色为"#83A8EE"。

6. 切换到常用对象面板，采用与创建主页时类似的方法，选择"图像:图像"按钮，在弹出的"选择图像源文件"对话框中，设置如图 5-16 所示。将左侧导航栏的分隔条插入到对应的位置。

提示 左侧导航栏分隔条存储于站点目录下的 images 目录中，文件名为：compartmentation.jpg。

7. 选中分隔条图像，将其边框设为 0，对齐方式为“顶端对齐”，调整分隔条图像以及栏目标题文字在布局单元格中的位置。最终效果请参考图 5-17。

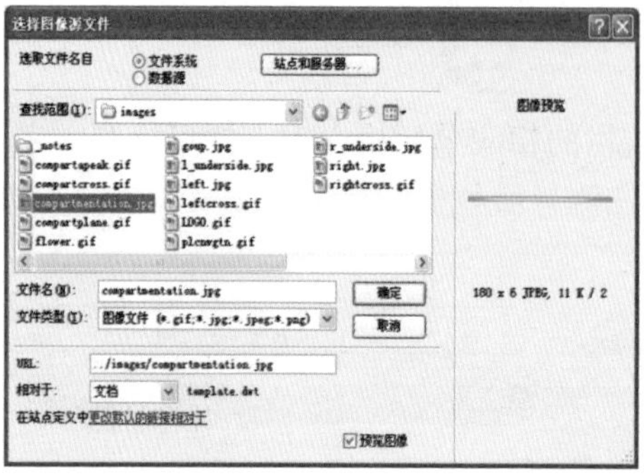

图 5-16 选择插入左侧导航条分隔条图片

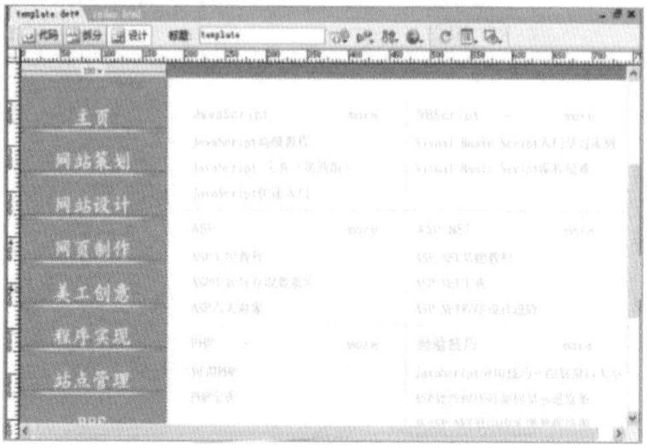

图 5-17 左侧导航栏效果图

提示 在为左侧导航栏添加信息，尤其是插入图像时，也许布局表格会被撑大，我们可以通过属性面板来调整。

三、制作版权信息

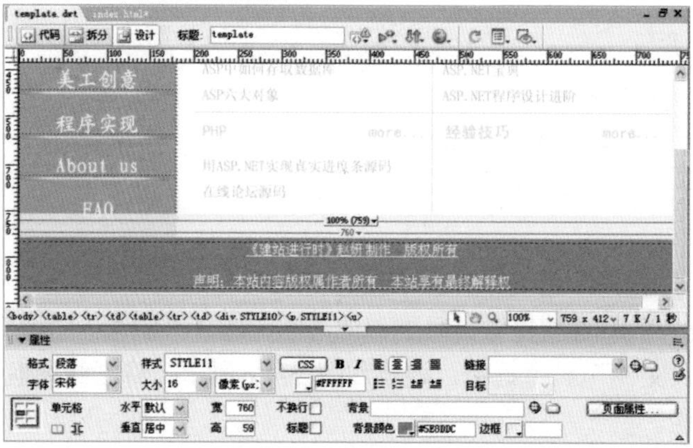

图 5-18 版权信息效果图

1. 现在我们将光标定位到页面底部的布局表格处，这里是用来输入版权信息的部分，在这里输入版权信息。

2. 版权信息的字体为“宋体”、大小为“16”、颜色为“白色”。效果如图 5-18 所示。

3. 此时我们会发现刚刚输入的版权信息文字存在于一个层上，我们选中版权信息单元格，对齐方式选择“垂直居中”，使文字所在的层位于单元格的中部。设置单元格的背景颜色为"#5E8DDC"。

如果对字体框中列出的字体不满意,可通过选择"编辑字体列表"项,在弹出的"编辑字体列表"对话框中将你需要的字体添加到字体列表中。

设置可编辑区域

所谓模板就是将公共的区域设置为不可编辑的,而将各页面不同的部分设置为可编辑的,从而达到提高工作效率的目的。

在我们的这个例子中,显然只有"当前位置"导航条和中间的内容部分为可编辑的,将它们设置为可编辑区域的步骤如下。

1. 单击中间布局表格的标记选中中间布局表格,然后选择【插入】|【模板对象】|【可编辑选区】命令,在弹出的"新建可编辑区域"对话框中的名称框内输入可编辑区域名称"content",单击【确定】按钮。文档显示如图5-19所示。

2. 在窗口中单击鼠标,该可编辑区域上会出现定义好的可编辑区域名称,如图5-20所示。

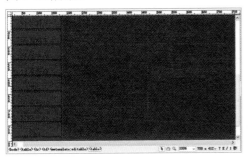

图 5-19　设置可编辑区域

图 5-20　可编辑区域"content"

可编辑区域上将罩上一层浅黑色阴影,在窗口中任意位置单击鼠标,这层黑色的阴影将自动消失。

为了使一个模板生效,它应该至少包含一个可编辑区域,否则,将无法编辑运用该模板创建的页面。

应用模板

在本节中，我们以创建程序实现页面为例，讲解一下使用模板创建页面的步骤。

1. 双击站点中事先创建好的空的"programme.html"文件。

图 5-21   "选择模板"对话框

2. 选择【修改】|【模板】|【应用模板到页】命令，在弹出的"选择模板"对话框中，选择网站站点名称，如图 5-21 所示选择前面我们创建的模板，然后单击【选定】按钮。

3. 此时当前文件将应用所选的模板，文件窗口右上角将显示出应用模板的名称，如图 5-22 所示。

4. 将工具栏中"标题"框中的文档标题改为本页面的标题"建站进行时——程序实现"，选择【文件】|【保存】命令，保存文件。

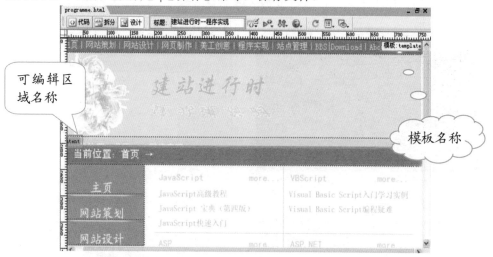

图 5-22   "程序实现"页面效果图

利用表格制作二级页面

接下来让我们在模板的可编辑区域中制作页面的内容。

一、修改位置导航栏内容

1．在对象面板中单击标准模式图标，在页面的可编辑区域内单击鼠标。

2．将鼠标光标定位到位置导航条上"首页"文字后方，输入该页面标识文字"程序实现"，这几个文字将自动采用白色，如图5-23所示。

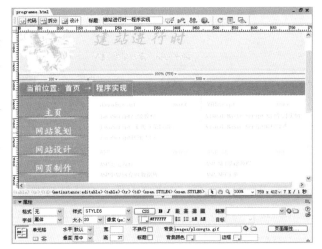

二、修改页面主体内容

1．将鼠标光标定位到中间内容区域。

图5-23　修改位置导航栏内容

2．在属性面板中设置垂直对齐方式为"顶端"。

3．选择常用对象面板中的【表格】按钮 ，在弹出的"表格"对话框中进行如图5-24所示的设置。

插入表格的行数和列数是根据要创建的页面里内容的多少来确定的。

4．将光标定位到表格的第一行、第一个单元格，设置字号为"18"，颜色为"#6D7E97"，输入"程序实现"栏目中的第一个子栏目标题"JavaScript"，在第一行的第二单元格内输入"more..."，并调整表格大小，如图5-25所示。

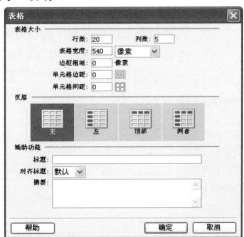

5．拖动鼠标选中第二行的前两列

图5-24　设置"表格"对话框

单元格，单击属性面板上的【合并所选单元格，使用跨度】按钮 ，将这两个单元格合并成一个单元格。

6. 在合并后的单元格内输入本子栏目有关文章的题目"JavaScript 高级教程"。文章题目文字的字号为"18"，颜色为"黑色"。

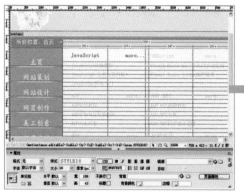

图 5-25　输入子栏目标题

图 5-26　添加文章标题及超级链接

7. 重复步骤 7、8，为 JavaScript 子栏目添加几篇文章的标题。

8. 将"JavaScript"后的"more…"超级链接到 JavaScript 子栏目页面。

9. 将 JavaScript 子栏目中的文章题目与它相对应的文章建立起超级链接，并根据跟踪图像中的草图调整显示位置，最终效果如图 5-26 所示。

　　在子栏目和文章标题的左侧，我们都为其空了一格，以避免标题过于靠左。

10. 表格的第三列和第五行我们用来放置子栏目之间的分隔线。

11. 选中 JavaScript 子栏目及其栏目文章右侧一列的四行单元格，然后选择属性面板中的【合并所选单元格，使用跨度】按钮，将这四个单元格合并成一个单元格。

图 5-27　插入分隔条

12. 将光标定位到刚刚合并后的单元格内，选择属性面板中背景框后的【单元格背景 URL】按钮，在弹出的"选择图像源文件"对话框中选择之前制作的垂直分隔条图像，单击【确定】钮。调整图像位置效果如图 5-27 所示。

13. 类似地，将第五行的前两列单

元格合并，并设置背景图像为水平分隔条：images/compartplane.gif。

提示　垂直分隔条图像位于站点目录 images/ compartapeak.gif。

14．将第五行第三列单元格背景图像设置为十字交叉分隔条。

15．采用与添加第一个子栏目内容相类似的方法，分别为页面添加其他几个子栏目的内容。

16．为子栏目之间加上子栏目分隔条，使页面变得更有层次感。

17．调整页面整体布局，最终效果如图5-28所示。

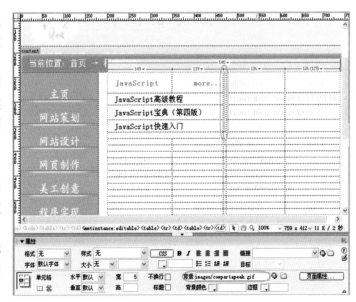

图 5-28　"程序实现"页面最终效果图

提示　为了方便浏览者浏览页面，我们也可以利用以前用过的方法，为这个页面添加一个"[回到页首]"的超级链接。

制作表单

在接下来的两节中，我们将制作"网友反馈"这个网页。该网页中包含一个表单，可以实现浏览者与网页制作者（也就是你）之间的交互。制作这个页面的大致步骤为：制作页面内容→使用电子邮件处理表单。

1. 在 Dreamweaver 中打开站点中事先定义好的空的"faq.html"文件。

2. 选择【修改】|【模板】|【应用模板到页】选项，在弹出的"选择模板"对话框中选择"template"模板，然后单击【选定】按钮。

3. 将网页标题改为"建站进行时——网友反馈"，如图 5-29 所示。

图 5-29　运用模板创建网友反馈页面

4. 将光标定位到文字"当前位置：首页 →"后，输入文本"网友反馈"。

图 5-30　"表格"对话框

5. 将鼠标移动到可编辑区域单击，在对象工具面板中选择【表格】按钮，在弹出的"表格"对话框中做图 5-30 所示的设置。

6. 单击第一个单元格，在其属性面板中设置单元格的水平对齐方式为"左对齐"，垂直对齐方式为"顶端对齐"。

7. 在常用对象面板中选择【图像：图像】按钮，在弹出的"选择图像源文件"对话框中做图 5-31 所示的设置。

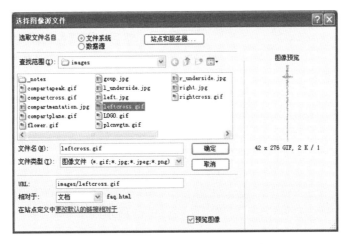

图 5-31 "选择图像源文件"对话框

 提 示

左侧交叉线的 URL 地址为：images/leftcross.gif。

右侧交叉线的 URL 为：images/rightcross.gif。

8. 单击表格的边框，将鼠标指针移到右边框的控制柄拖拉，直到表格与可编辑区域的浅蓝色线重叠为止。

9. 单击第三个单元格，在其属性面板中设置水平对齐方式为"右对齐"，垂直对齐方式为"底部对齐"。

10. 参照步骤 7 插入右侧交叉线图像。页面效果如图 5-32 所示。

11. 将鼠标指针移到第一个单元格的左边框线上，当其变为带有双向箭头的指针时，将该指针向左拖拉直到拖不动为止；

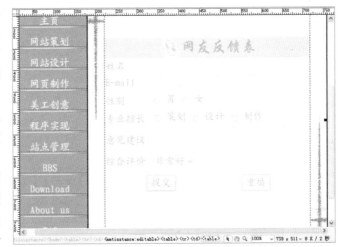

图 5-32 插入左侧、右侧装饰线后效果

同样向右拖拉第二个单元格的右边框线直到拖不动为止。

12. 单击表格第一行的第二个单元格，然后在其属性面板中将单元格垂直对齐方式改为"顶端对齐"。

13. 单击对象工具面板中"表单"标签页，使对象面板切换为表单对象工具面板。

14. 选择表单对象面板中的【表单】按钮，在单元格内拖动，此时在单元格内会出现一个红色虚线框，如图5-33所示。

图 5-33 利用"表单"工具在页面添加表单

> **提示** 如果没有出现红色虚线，请选择【查看】|【可视化助手】|【不可见元素】命令，以使其显示出来。

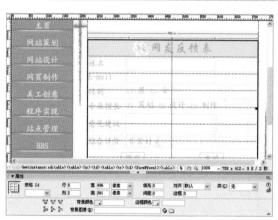

15. 将对象面板切换到常用对象面板。选择其中的【表格】按钮，在表单中插入一个 7 行 2 列的表格。保持表格为选中状态，如图 5-34 所示拖拉表格右下角的控制柄直到其与第一次插入的大表格下端重叠为止。

图 5-34 在表单内创建表格

> **提示** 也可以通过选择【插入】|【表格】菜单命令来插入表格。请确保插入的表格位于红色的虚线框内，即位于表单内。

16. 单击第一行第一个单元格，然后向右拖拉鼠标到第一行的第二个单元格，当两个单元格的边框显示为黑色时，释放鼠标，在其属性面板中选择【合并所选单元格使用跨度】按钮 ⬜，将其合并为一个单元格。

17．单击此单元格，在属性面板中为单元格设置背景颜色，并调整对齐方式中的水平对齐方式为"居中对齐"。

18．选择对象面板中的【图像:图像】按钮 🖳，将网站 LOGO 中的花朵图案导入页面中并调整图案大小。

19．在同一单元格中，在花朵图像的后面输入表单标题文字"网友反馈表"。此时效果如图 5-35 所示。

图 5-35　制作网友反馈表表头

这里背景颜色为"#5E8DDC"；"网友反馈表"文字的字体为"华文行楷"，字号为"36"。

20．单击第二行的第一个单元格并输入"姓名:"。然后，将对象面板切换为表单对象面板，选择其中的【文本字段】按钮 🔲，此时将插入一个文本框，保持文本框为选中状态，在其属性面板中的字符宽度框中输入宽度为"14"。插入文本框的效果如图 5-36 所示。

21．单击第二行的第二个单元格参照步骤 20插入"年龄:"及其文本框。并设置文本框的字符宽度为"10"。

22．单击第三行的第

图 5-36　利用"文本字段"工具创建输入框

一个单元格输入"性别："，然后单击表单对象面板中的 【单选】按钮，在弹出的"输入标签辅助功能属性"对话框中进行如图 5-37 所示的设置后，单击【确定】按钮。

> 提示 选择样式为"使用'for'属性附加标签标记"是为了使浏览者在选中文本的同时也能选中单选钮。

23．选中刚刚创建的单选按钮，在其属性面板的选定值框中输入"男"。

24．采用类似的方式，再插入一个单选按钮，为其输入标签为"女"，并设置单选钮的选定值为"女"。效果如图 5-38 所示。

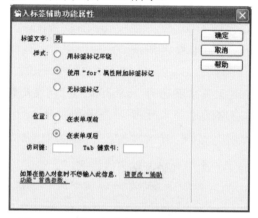

图 5-37 "输入标签辅助功能属性"对话框

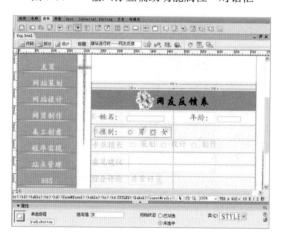

图 5-38 利用"单选按钮"工具创建性别选择项

提示　单选按钮的选定值属性是指当该按钮被选中时的值。

25．单击第三行第二个单元格输入"学历："，然后单击表单对象面板中的【列表/菜单】按钮 ，插入一个下拉菜单。

26．在弹出的"输入标签辅助功能属性"对话框中选择样式为"无标签标记"。

27．确保下拉菜单处于选中状态，在其属性面板中单击 列表值… 按钮，在弹出的"列表值"对话框中的"项目标签"项中输入相应的学历，输完一个后单击 按钮，照此方法直到输完最后一个学历，如图5-39所示。

图 5-39　制作列表框控件

28．单击【确定】按钮，并在其属性面板中的"初始化时选定"框中选择一个选项，作为最初的选项。

29．单击第4行的第一个单元格，然后拖至此行的第二个单元格，当单元格的边框变为黑色时，单击其属性面板中的【合并所选单元格，使用跨度】按钮 ，将其合并为一个单元格。在此输入"爱好："。

30．单击表单对象面板中的【复选框】按钮 ，在弹出的"输入标签辅助功能属性"对话框中设置其标签文字为"策划"，样式为"使用'for'属性附加标签标记"。单击【确定】按钮。

31. 选中刚刚创建的复选框，在其属性面板中设置选定值为"策划"。

32. 依照同样的方法设置其他两个复选框"设计"和"制作"，效果如图 5-40 所示。

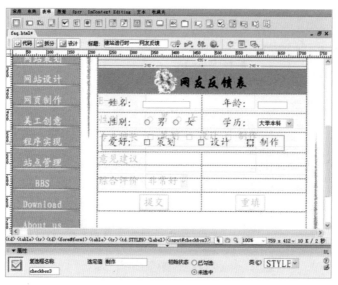

图 5-40　插入复选框按钮

 提示 在每输入完一个选项后，注意要按一个空格键，以使多个复选框之间空出距离。

33. 将第 5 行的两个单元格合并为一个单元格，然后在此单元格内输入"你对本网站的意见和建议:"文字。

34. 将第 6 行的两个单元格合并为一个单元格，单击此单元格，然后单击表单对象面板中的【文本字段】按钮。在弹出的"输入标签辅助功能属性"对话框中设置其样式为"无标签标记"。单击【确定】按钮，此时插入一个文本框。然后在其属性面板中进行设置，如图 5-41 所示。

 提示 在属性面板中，我们选择"多行"，字符宽度为 55，行数为 8，换行方式为默认。

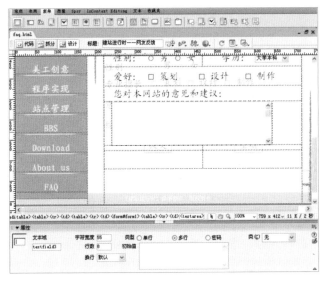

图 5-41 创建多行文本框

35．单击第 7 行的第一个单元格，在其属性面板中选择水平对齐方式为"居中对齐"。然后单击表单对象面板中的【按钮】 ，在其属性面板中设置值为"提交"，动作为"提交表单"。

36．用同样的方法插入"重置"按钮，在其属性面板中设置值为"重置"，动作为"重设表单"并使其居中。总体效果如图 5-42 所示。

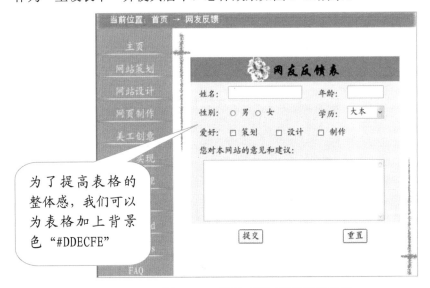

为了提高表格的整体感，我们可以为表格加上背景色"#DDECFE"

图 5-42 "网友反馈表"页面效果图

通过邮件接收表单信息

　　网站的功能在于传达信息。既然是传达信息，那么就会有信息的反馈。Dreamweaver 提供的表单的作用就是实现浏览者与网页制作者之间的信息交互，是网站管理者与浏览者之间沟通的桥梁。不过，通常情况下实现这一功能需要服务器端程序的支持，例如需要服务器端的 CGI、ASP、PHP、JSP 等脚本程序。

　　关于如何编写这些程序，这是专业级的工作，已经超出了本书的范围，你如果有兴趣，可以参考其他相关书籍。下面我们将介绍一种最为简单的处理表单的方法——使用电子邮件来获取表单信息，其步骤如下。

　　1. 单击表示表单边界的红色虚线，以选中表单。

　　2. 在其属性面板中的动作框中输入"mailto：邮件信箱"。

　　3. 然后，单击工具栏中的【显示代码视图和设计视图】按钮，在代码视图中的"form id="form1" name="form1""后输入"enctype="text/plain""，如图 5-43 所示。

图 5-43　拆分视图

通过这样的设置，当浏览者填写完反馈表单，单击表单中的【提交】按钮时，系统将会自动将浏览者填写的表单内容以纯文本的方式发送到 mailto：后面的邮箱之中。

　　当然，要实现这一功能的前提是：浏览者必须正确地配置了客户端邮件程序，例如 Outlook、Outlook Express 或者 Foxmail 等。

Flash 是 Macrodedia 公司推出的一款优秀的矢量动画编辑软件，它运用网络流式媒体技术，突破了网络带宽的限制，可以在网络上快速地播放动态图画。利用该软件制作的动画文件要比位图动画文件尺寸小很多。

用户除了可以利用 Flash 制作普通动画外，还可以在动画中加入背景音乐、创建动态网页素材。更重要的是，用户可以利用它制作具有交互功能的动画。

本章中我们通过为"建站进行时"网站制作一个拼图小游戏来讲解 Flash 动画的创建方法、Flash 的工作环境以及如何利用一些基本操作制作出有趣的交互式动画。

第六章

加入 Flash 动画

本章学习目标

◇ 熟悉 Flash 工作界面

介绍 FlashCS4 工作界面中各功能模块的组成及功能。

◇ 新建、设置与保存文档

介绍在 Flash 中新建、设置、保存文档的方法及注意事项。

◇ 处理图片素材

学会如何从外部导入图像素材、将其转化为 Flash 能处理的矢量图形并进行再加工以及如何将矢量图形转换成按钮元件和影片剪辑元件等。

◇ 为图块元件加入动作脚本

掌握为影片剪辑中的按钮元件添加动作脚本的方法。

◇ 创建按钮元件

掌握在场景中输入文字、插入已有按钮元件的操作方法。

◇ 为按钮加入动作脚本

学会添加帧、插入图层、为帧添加动作的方法。

◇ 完善动画

掌握运用场景、图层、帧等将元件组合成一个完整的动画。

◇ 发布 Flash 并添加到网页

介绍使用 FlashCS4 发布动画及将动画添加到网页的方法。

熟悉 Flash 工作界面

在创建 Flash 动画之前，我们首先要熟悉 Flash 的工作界面，并熟悉一些专业用语，如场景、图层、帧与关键帧等。本节就来介绍一下这方面的内容。

运行 Flash 应用程序后，其工作界面如图 6-1 所示。从图中可以看到，Flash 的工作界面采用了与 Dreamweaver 相同的风格。

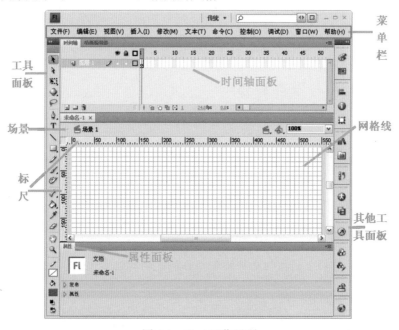

图 6-1　Flash工作界面

Flash 的工作界面包括菜单栏、"工具"面板、场景、"时间轴"面板、"其他工具"面板、"属性"面板、标尺和网格线等几个部分。下面对主要部分作个简单介绍。

场景和场景面板：Flash 制作影片的工作区域称为"场景"。场景面板如图 6-2 所示。

场景是对影片中各对象进行编辑、修改的场所。如果希望制作一个比较复杂的动画，可能还需

图 6-2　"场景"面板

要采用多个场景来安排。

"时间轴"面板：是 Flash 中重要的控制面板，主要用于组织和控制影片中图层和帧的内容，使这些内容随着时间的推移而发生相应的变化。时间轴最重要的组成部分是帧、图层和播放头，如图 6-3 所示。从图中可以看出，影片中的图层位于时间轴控制面板的左边；每图层包含的帧位于图层名右边；时间轴播放头在时间轴的上方，指示了场景中的当前帧。

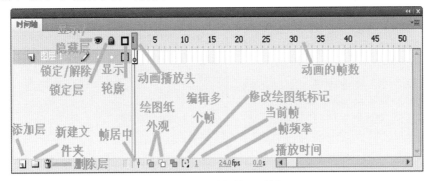

图 6-3 "时间轴"面板

帧频的单位是"帧/秒（fps）"，其默认值是 12 帧/秒。我们可以根据所制动画的播放要求来修改。

在 Flash 中帧频数值不能设置得太大，如果设定的数值太大，而用户的 CPU 速度较低时，动画播放就会产生不连续及停顿等现象。

要定位到时间轴的某一帧，只需将播放头移动到该帧即可。

要改变时间轴中帧的显示方式，可单击时间轴控制面板右上角的 按钮，然后从弹出的快捷菜单中选择适当选项。例如，若选择"很小"选项，时间轴中的帧将以极窄的单元格显示，从而可以显示较多的帧；若选择"预览"选项，则可以将动画内容缩略图显示在时间轴中，从而让用户对动画中每一帧的内容一目了然。

"属性"面板：Flash 中的图形、图像、元件、工具面板中的工具以及文档等都具有相应的属性，这些属性都可以通过"属性"面板来设置，其内容随用户所选内容的不同而变化（图 6-4 为选择"文本"工具后的"属性"面板）。如果未选中任何对象，"属性"面板中将显示文档属性（图 6-5）。

图 6-4　文本工具"属性"面板　　　　图 6-5　场景"属性"面板

选择"文本"工具时，在"属性"面板中将显示有关文本的一些属性设置，如字体、大小、样式、对齐方式、文本链接等。

工具面板与工具栏：图 6-6 为工具面板，利用工具面板中的工具，用户可绘制、选择、修改图形，给图形填充颜色，或者改变场景的显示等。

在 Flash 中，系统除提供了一个"工具"面板外，还提供了 3 个工具栏，即主要栏、状态栏和控制器，其意义分别为：主要栏——该工具栏包含了一些常用命令的快捷按钮，如新建文件、打开文件、保存文件和打印等；状态栏——用于显示工具和菜单项的说明，以及 Caps Lock 键和 Num Lock 键的状态；控制器——用于控制影片的播放。影片制作完成后，如果需要经常测试，可打开该工具栏。

图 6-6　"工具"面板

新建、设置与保存文档

从本节开始，让我们开始着手将网站 LOGO 制作为拼图动画。

由于整个网站中，二级页面和三级页面的主体框架基本相同，为了增加网站的新鲜感和交互友好性，我们可以将二级和三级页面顶部的网站 LOGO 制作成一个小拼图游戏，使浏览者在浏览网页的同时可以娱乐一下。下面，我们先为拼图游戏新建一个文档。

1. 执行【文件】|【新建】命令，新建一个文档，如图 6-7 所示。

"模板"选项卡中保存了一些常用的 Flash 模板，我们也可以自己制作模板以批量制作 Flash。

2. 执行【修改】|【文档】命令，在弹出的"文档属性"对话框中进行如图 6-8 所示设置。

图 6-7　"新建文档"对话框　　　　图 6-8　"文档属性"对话框

3. 执行【文件】|【另存为】命令，在弹出的"另存为"对话框中输入保存文件名称为"logogame"，单击【保存】按钮。

"另存为"时选择保存为 Flash 自有的 .fla 文件，我们可以把它保存在网站的素材目录："E:\building_site\images"中。

处理图片素材

本小节我们先对拼图游戏的主体对象——网站 LOGO 图片进行处理。

1. 选择【文件】|【导入】|【导入到舞台】，在弹出的"导入"对话框中选择网站 LOGO 文件——LOGO.GIF，单击【确定】，将其导入到舞台上。

2. 将图片放置在舞台的左侧，按【Ctrl+B】键，将图片打散，如图 6-9 所示。

在此可设置导入图片的大小和位置

导入的图片必须经过打散矢量图操作后，才能进行处理

图 6-9　将LOGO图片文件导入场景

3. 选择工具面板中的【线条工具】按钮，在线条工具的属性面板中进行如下设置：选择笔触颜色为"#5E8DDC"，填充颜色为"无"，笔触高度为2。

4. 如图 6-10 所示，用线条将已经打散的图片分成大小相同的 8 个矩形。

图 6-10　利用"线条工具"分割图片

在画直线时，可通过按住【Shift】键来协助绘制出水平或垂直的直线。

5．选择工具面板中的【选择工具】按钮 ，选中刚刚被直线分割成的最左上角小矩形，选择【修改】|【转换为元件】菜单，在弹出的"转换为元件"对话框中进行如图 6-11 所示的设置。

图 6-11　"转换为元件"对话框

在"注册"处，可以对要转换为元件的图形的中心点位置进行设置，我们选择小矩形的正中心。

6．采用步骤 5 中类似的方法，将 8 个小矩形都转换成按钮元件。小矩形按从左到右、从上到下的顺序，分别将其元件名命名为 btna1、btna2、btna3、btna4、btna5、btna6、btna7、btna8。

7．选择工具面板中的【选择工具】按钮 ，选中按钮 btna1，选择【修改】|【转换为元件】菜单，在弹出的"转换为元件"对话框中设置元件名称为"mca1"；类型为"影片剪辑"；注册点为"中心点"。然后，单击【确定】，将按钮转换为影片剪辑。

8．采用与步骤 7 相似的方法，将 8 个已经转换为按钮的小矩形都转换成影片剪辑，这 8 个影片剪辑的文件名按从左到右、从上到下的顺序分别命名为：mca1、mca2、mca3、mca4、mca5、mca6、mca7、mca8。效果如图 6-12 所示。

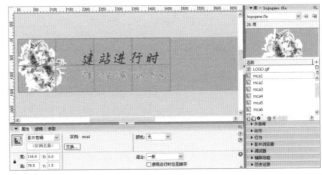

图 6-12　将按钮元件转换为影片剪辑元件

在"库"面板中我们可以看到刚刚创建的所有元件，以后如果我们想修改元件，就可以在"库"面板中进行。

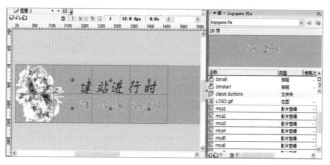

图6-13　选中全部影片剪辑

9. 选择工具面板中的【选择工具】按钮，按住【Shift】键，将影片剪辑 mca1、mca2、mca3、mca4、mca5、mca6、mca7、mca8 全部选中，如图 6-13 所示。

也可以通过在"库"面板中将所有影片剪辑元件名选中的方式来选中所有影片剪辑。

10. 选择【编辑】|【剪切】，将影片剪辑剪切到剪切板中。

11. 选择时间轴面板中的【插入图层】按钮，插入新的图层"图层 2"。

12. 选中图层 2，选择【编辑】|【粘贴到当前位置】，将存在剪切板中的 8 个影片剪辑粘贴到图层 2 中。

13. 在时间轴面板中选中图层 2，将图层 2 拖到图层 1 的下方。使图层 1 和图层 2 交换层次，这样就可以使所有线格显示在影片剪辑的上面。

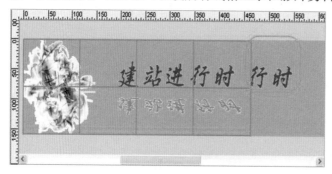

图6-14　粘贴副本并调整位置

14. 选择影片剪辑元件 mca4，选择【编辑】|【复制】命令，将影片剪辑复制到剪切板中。

15. 选择【编辑】|【粘贴到中心位置】，使舞台上出现影片剪辑 mca4 的副本，调整副本位置如图 6-14 所示。

也可以通过选中影片剪辑 mca4，按住【Alt】将 mca4 拖动到所需要的位置以建立副本。

16．选中复制出的影片剪辑 mca4 的副本，连续按两次【Ctrl+B】键，将其彻底打散为矢量图形。

当按第一次【Ctrl+B】键时，会将影片剪辑打散为按钮元件，当再次按【Ctrl+B】键时可将其打散为矢量图形。

17．选择【修改】|【转换为元件】，将打散的图片转换为按钮元件 btna4copy。

18．再选择【修改】|【转换为元件】，或者按 F8 键，将按钮元件 btna4copy 转换为影片剪辑 mclast。

19．双击影片剪辑 mca4，进入影片剪辑编辑状态。

20．再次双击进入按钮编辑状态，如图 6-15 所示。

图 6-15　编辑影片剪辑 mca4

21．选择填充色为"白色"，将打散的图片填充为白色。

22．选择场景 1，返回到主场景，如图 6-16 所示。

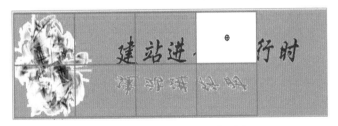

图 6-16　处理图片素材效果图

按钮元件可以感知用户的鼠标动作，并且触发相应的事件。影片剪辑元件拥有自己独立的时间轴。

至此，我们可以看到，拼图游戏的主要部分已经初具雏形了。在本节中，我们学会了如何从外部导入图像素材、将其转化为 Flash 能处理的矢量图形并进行再加工，以及如何将矢量图形转换成按钮元件和影片剪辑元件等。

为图块元件加入动作脚本

我们在上一节中，基本实现了拼图游戏的大体雏形。但是，却没有实现交互动作。本节中，我们将为拼图游戏加上动作脚本，使其真正成为一个可以玩的游戏。创建交互性动画的关键是设置在指定的事件发生时要执行的某个特定动作。

1．双击影片剪辑 mca1，进入影片剪辑编辑状态，选择其中的按钮元件 btna1。

2．选择【窗口】|【动作】，打开如图 6-17 所示的"动作"面板。

3．在"动作"面板中输入如图 6-18 所示脚本。

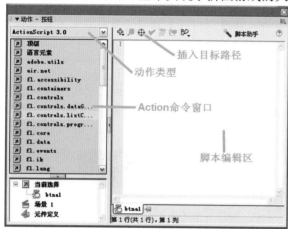

图 6-17　"动作"面板

```
1  on (release) {
2      if (((this._x == _root.mca4._x)||(this._y == _root.mca4._y))&&
3          ((Math.abs(this._x - _root.mca4._x)==100)||(Math.abs(this._y - _root.mca4._y)==100)))) {
4          x = this._x;
5          y = this._y;
6          this._x = _root.mca4._x;
7          this._y = _root.mca4._y;
8          _root.mca4._x = x;
9          _root.mca4._y = y;
10     }
11 }
```

图 6-18　在"动作"面板中输入脚本

4．类似地，为影片剪辑 mca2、mca3、mca5、mca6、mca7、mca8 中的按钮 btna1、btna2、btna3、btna5、btna6、btna7、btna8 输入与影片剪辑 mca1 中相同的脚本。

提示

在 Flash 中只能为关键帧、按钮实例或影片剪辑实例设置动作，动作的设置都是通过动作面板进行的。很多动作是由一些程序来完成的。

创建按钮元件

本节中我们要输入注释文本并制作一个开始按钮元件。

1. 选择工具面板中的【文本工具】按钮 **A**，选择字体为"Gigi"，字号为"22"，字型为"粗体"。注释文本内容为"Are you ready?"，在场景的右下角加上注释的文本，并调整其位置，如图 6-19 所示。

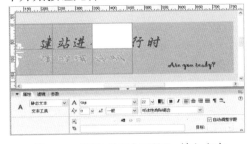

图 6-19 利用"文本工具" 输入文字

该注释文本用于标识该拼图游戏目前所处的状态。

2. 执行【窗口】|【公用库】|【按钮】命令，在弹出的外部库面板中选择一个你喜欢的按钮符号，如图 6-20 所示。将你选中的元件拖动到舞台中，如图 6-21 所示。

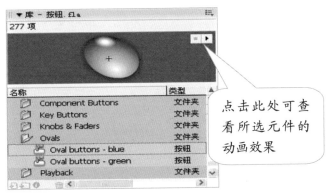

点击此处可查看所选元件的动画效果

图 6-20 "库—按钮.fla"面板

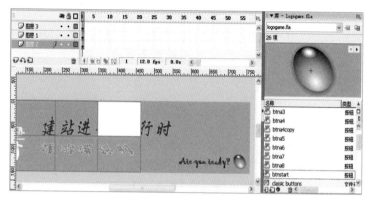

图 6-21　插入文字及按钮后效果图

3．执行【窗口】|【库】命令，调出库面板。

4．双击按钮元件名，将元件改名为"btnstart"。

为按钮加入动作脚本

下面我们为开始按钮加入动作脚本。

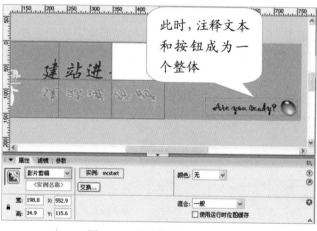

图 6-22　影片剪辑 mcstart

1．按住【Shift】选择刚刚创建的注释文本和按钮。选择【修改】|【转换为元件】菜单，将其转换为影片剪辑 mcstart，如图6-22 所示。

2．双击影片剪辑 mcstart，进入影片剪辑编辑状态。

3．单击时间轴的第 2 帧，选择【插入】|【时间轴】|【关键帧】，选择第 2 帧，选择注释文本，将注释文本内容改为"Once more?"。

4．选择第 2 帧，选择按钮元件，选择【窗口】|【动作】，打开动作面板，将动作脚本改为如图 6-23 所示的动作脚本。

```
1   on (release) {
2       myArray = new Array([116, 78.5], [116, 156.7], [232, 78.5], [232, 156.7],
3                           [348, 78.5], [348, 156.7], [464, 78.5], [464, 156.7]);
4       newArray = new Array();
5       while (myArray.length != 0) {
6           n = random(myArray.length);
7           temp = myArray[n];
8           newArray.push(temp);
9           myArray.splice(n, 1);
10      }
11      for (i=1; i<10; i++) {
12          eval("_root.mca"+i)._x = newArray[i-1][0];
13          eval("_root.mca"+i)._y = newArray[i-1][1];
14      }
15      gotoAndStop(2);
16  }
```

图 6-23　第2帧按钮元件脚本

 提示 该段动作脚本的作用是：用来实现当用户点击 btnstart 按钮后，随机改变 LOGO 碎片的位置，以实现将图形打乱的效果。

5．在"时间轴"面板上选择【插入图层】按钮 ，插入图层 2，如图 6-24 所示。

 提示 可通过【窗口】|【时间轴】命令来选择显示或隐藏 "时间轴"面板。

6．选择图层 2 的第 2 帧，选择【插入】|【时间轴】|【空白关键帧】，在图层 2 的第 2 帧上插入一个空白关键帧，如图 6-25 所示。

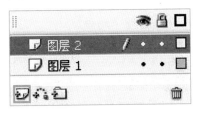

图 6-24　插入图层

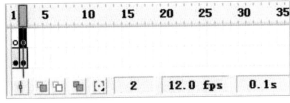

图 6-25　插入空白关键帧

在 Flash 中，用空心圆点代表一个空白关键帧，用实心圆点代表一个静止的关键帧。蓝色帧中的实心点代表用内插法算出的移动动画的起始插值关键帧，蓝色箭头代表在箭头所在区域内的动画是用内插法形成的内部帧；绿色帧中的实心点则代

表用内插法算出的变形动画的起始插值关键帧，而绿色虚线代表在虚线所在区域内

的动画是用内插法形成的内部帧。

7．选择图层 2 的第 1 帧，选择【窗口】|【动作】，打开动作面板，在"动作"面板中输入帧动作脚本"stop()；"。

8．选择图层 2 的第 2 帧，采用与步骤 7 类似的方法打开"动作"面板，在该面板中输入帧动作脚本"stop()；"。效果如图 6-26 所示。

图 6-26　添加帧动作效果图

提示　当我们为第 1 帧和第 2 帧指定了动作脚本后，会看到在时间轴该帧上有一个小写字母 a，这表示该帧是具有指定了某种行为的行为帧。

完善动画

前面对场景中各分部的内容作了介绍，下面我们来完善整个动画。

1．点击场景 1，返回到主场景。

2．鼠标双击影片剪辑 mclast，进入影片剪辑编辑状态。

3．选择其中的按钮实例 btna4copy，选择【窗口】|【动作】，打开"动作"面板。

4．在按钮实例 btna4copy 的"动作"面板中输入如图 6-27 所示的动作脚本。脚本的编辑与调整可由窗口上方的按钮来完成。

5．点击场景 1，返回主场景。

6．选择"时间轴"面板的【插入图层】按钮，在所有图层即图层 1 和图层 2 的上层插入图层 3。

图 6-27 为 btna4copy 添加动作脚本

若想在某一图层的上层建立新图层，可以先选中该图层，然后再插入新图层。

7. 选中图层 3 的第 1 帧。

8. 选择工具面板中的【文本工具】按钮 A，设置文本参数为：文本类型为"静态文本"，字体为"Curlz MT"，字号为"24"，字体颜色为"黑色"。

9. 在舞台中输入"well done"文本，如图 6-28 所示。

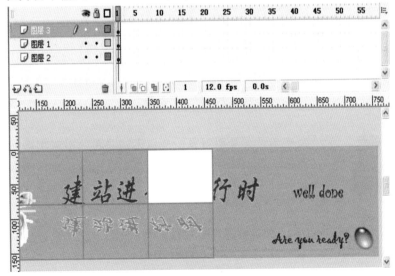

图 6-28 新建图层并输入文字

此文本用来标识用户是否已正确完成了拼图游戏，当用户完成拼图后，该文本会以一个逐渐放大的动画效果显示出来。

10．选择工具面板中的【选择工具】按钮 ，选中刚刚输入的"well done"文本，选择【修改】|【转换为元件】命令，在弹出的"转换为元件"对话框中输入名称为"mcover"，类型为"影片剪辑"。

11．双击影片剪辑 mcover，进入影片剪辑编辑状态。

12．选择静态文本，选择【修改】|【转换为元件】，在弹出的"转换为元件"对话框中输入名称为"well done"，类型选为"图形"，如图 6-29 所示。

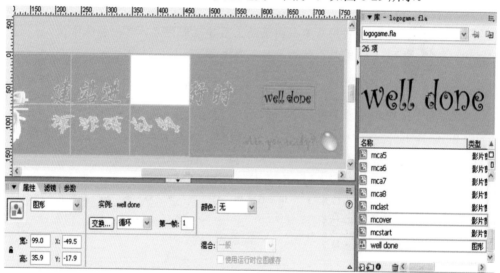

图 6-29　转换为元件

文字不是矢量图对象，所以无法应用外形渐变动画效果，我们必须将文本转换成矢量图后，才可以进行针对矢量图对象的操作。

下面我们为文本创建一个逐渐放大的动画效果。

13．在"时间轴"面板中选择图层 1 的第 20 帧。

14．选择"工具"面板中的【任意变形工具】按钮 ，如图 6-30 所示，将已经转换成矢量图形的文本放大。

15. 在"时间轴"面板中的图层 1 的第 1 到第 20 帧之间的任意一帧上单击鼠标右键,在弹出的上下文菜单中选择【创建补间动画】,此时,在第 1 到第 20 帧的蓝色区域内会出现一个箭头,如图 6-30 所示。

16. 在"时间轴"面板中选择"插入图层",插入新图层,即图层 2。

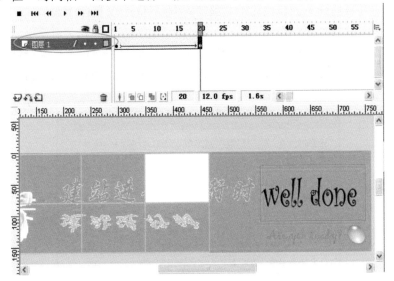

图 6-30　实现文字放大动画效果

 提示　当我们创建了动画之后,可以通过此处的动画播放钮方便地预览动画效果。

17. 在"时间轴"面板中选择图层 2 的第 1 帧,选择【窗口】|【动作】命令,打开"动作"面板,加入帧动作脚本"stop();"。

18. 在"时间轴"面板中选择图层 2,将插放头定位到第 20 帧处,选择菜单中的【插入】|【时间轴】|【关键帧】命令,选择【窗口】|【动作】命令,打开"动作"面板,加入帧动作脚本"stop();"。

发布 Flash 并添加到网页

通过前几节的学习，我们已经完成了对网站 LOGO 拼图游戏的创作。下面让我们将制作完成的动画发布成 Flash 动画，并添加到网站的相关页面中。

1. 选择【文件】|【发布设置】命令，在弹出的"发布设置"对话框中做如图 6-31 所示的设置，其中文件存储路径为：E:\building_site\Flash\logogame.swf，单击【确定】。

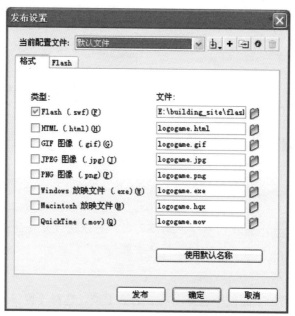

图 6-31　"发布设置"对话框

2. 选择【文件】|【发布】命令，一个名为"logogame.swf"的文件就发布成功了。这时可以在设定的文件夹 E:\building_site\Flash\中找到已发布的文件和生成的动画。

提示　在"Flash"标签页中，可对要生成的.swf 文件的参数进行设置。

3. 打开 Dreamweaver，将光标置于要插入 Flash 动画的地方，单击常用面板中的"媒体：SWF"，在弹出的"选择文件"对话框中选择 Flash 文件即可，见图 6-32 所示。

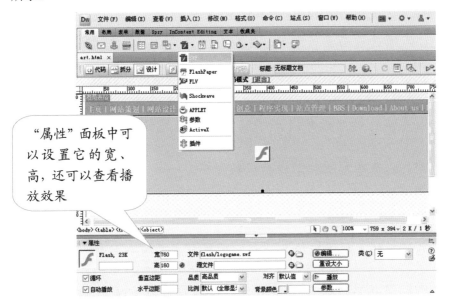

"属性"面板中可以设置它的宽、高，还可以查看播放效果

图 6-32 将Flash动画文件插入到网页

提示　插入的 Flash 动画在 Dreamweaver 中显示为灰色的方框，里面有 Flash 标志。

通过前面章节学习，我们已经完成了一个网站从初步规划到网页制作，直至网站整体建设的全过程。本章将针对网站建设余下的工作中存在的问题以及相关的技术和经验做进一步的介绍。

本章是全书的末章，但它的内容却是建设一个网站的开始。制作出精美的页面固然可喜，但一个网站的成功并不仅仅取决于网页是否美观以及它采用的是何种技术，网页的成功发布以及后期对网站的精心维护和管理才是一个网站成功的关键。这些工作贯穿于网站的整个生存期。作为网站的维护者，只有持之以恒地做好这些工作，才可能获得大量的访问和网友的赞誉，最终创造出成功的网站。

第七章

网站发布

本章学习目标

◇ **网站的本地测试**

介绍利用 Dreamweaver 进行网站本地测试的方法。

◇ **申请免费空间**

介绍从网上查找、申请用于放置网站的免费空间的方法。

◇ **上传和下载网站**

学会上传、下载网站文件的方法，使本地开发目录与网站空间中的网站文件保持同步。

◇ **远程调试**

介绍远程调试的作用和方法。

◇ **站点推广**

介绍站点推广的意义、推广的常用方式等内容。

网站的本地测试

在将网站上传到远程服务器之前，必须先在各方面做好充分的准备，其中最重要的一项就是做好网站的本地测试。虽然网站上传后还需要进行远程调试，但大部分的测试工作应该首先在本地完成，否则将会大大增加进行远程调试的工作量。

下面让我们利用 Dreamweaver 进行本地测试。

1. 检查链接的正确性。执行【窗口】|【文件】命令，打开站点文件管理窗口，在站点根目录上单击鼠标右键，在弹出的上下文菜单中选择【检查链接】|【整个本地站点】。在弹出的链接检查器（图 7-1）中，可查看站点中的链接情况。

图 7-1 "链接检查器"窗口

2. 网站报告的使用。执行【站点】|【报告】命令，弹出如图 7-2 所示的"报告"对话框。

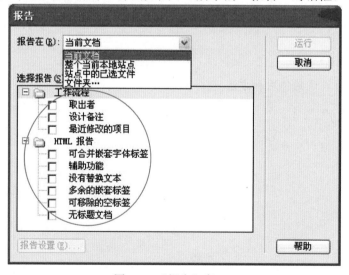

图 7-2 "报告"窗口

- "报告在"下拉列表框用于设定生成站点报告的范围。
- "选择报告"列表用于设置生成站点报告时要包含的信息。其中："工作流程"中，"取出者"是显示当前网站的网页正在被取出的情况；"设计备注"是显示设定范围之内网页的设计备注信息；"最近修改的项目"是显示所修改文件的日期、修改者等信息。"HTML 报告"中，"可合并嵌套字体标签"是指显示可以合并的文字修饰符；"没有替换文本"是报告没有添加可替换的文字的图像对象；"可移除的空标签"是指报告中能显示空的可删除的 HTML 标签；"无标题文档"是软件能报告没有设置标题的网页。

> Dreamweaver 提供了站点报告功能，能够自动检测网站内部的网页文件，生成相关的文件信息，以便于网站设计者对网页文件进行修改。

在"报告在"项设置生成网站报告的范围为"整个当前本地站点"，选择生成网站报告所包含的信息后，单击【运行】按钮生成站点报告，如图 7-3 所示。

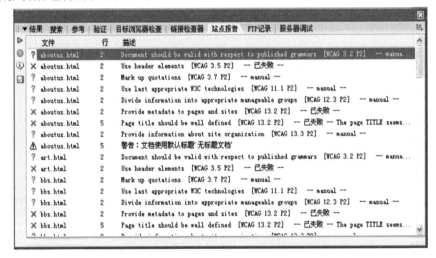

图 7-3　生成的站点报告

在站点报告中，"文件"栏显示检查的文件；"行"栏显示存在问题的源代码的行数；"描述"栏显示存在问题的描述性文字。

> 选中站点报告中的任意一条，单击鼠标右键，在弹出的菜单中选择【打开文件】命令，Dreamweaver 可自动找到并打开出现问题的文件源代码。

申请免费空间

　　免费网页空间为我们构筑"网上家园"提供了空间，这就像盖房子必须先购置一块地一样。我们在为自己的房子选择土地时，需要关注如周围的环境条件、交通状况等问题，同样地，选择网站空间时，我们也需要为自己的"家"找一个速度比较快、系统比较稳定的安身之所。

　　网页空间有收费和免费两种。我们主要介绍如何申请一个免费的网页空间。

　　很多门户网站都提供相关的免费服务，如果你是为一个企业做的网站，那么最好还是避免使用免费的空间，因为它无法保障网站的安全。不过如果你的网站对信息安全要求并不很高，那么就可以尽情享用这份"免费的午餐"。

　　1．打开百度搜索引擎，输入搜索关键字"免费 FTP 网站空间"，点击【百度一下】按钮，强大的百度,为我们搜索出了约 300 多万条相关信息，如图 7-4 所示。

　　2．点击进入提供免费 FTP 网页空间的网站，比如图 7-5 所示的主机屋（http://www.zhujiwu.com/）。

提示

网站空间一般有以下三种传输方式：
（1）使用 FTP（文件传输协议）方式将网页上传。
（2）允许申请者通过浏览器直接编辑网页。
（3）申请者将网页通过 E-mail 发送给网站管理员。

图 7-4　搜索免费网站空间　　　　图 7-5　主机屋网站首页

提示 为了支持后期升级的需求，本书中我们选择申请的是使用 FTP 传输方式的 1G 免费全能空间+20M MYSQL 数据库+免备案绑定域名。

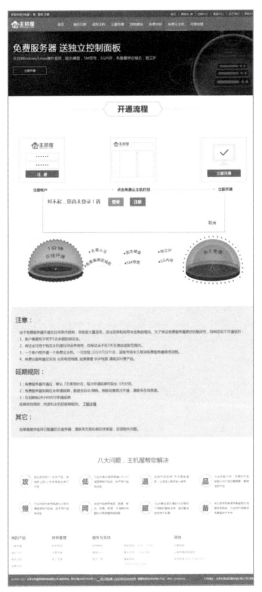

图 7-6　免费服务器产品介绍页

3．单击【立即开通免费服务器】按钮，进入如图 7-6 所示的产品介绍页面。

4．单击【立即开通】按钮，由于我们还没有登录，因此会弹出如图 7-6 中所示的提示框。

5．如果你之前就拥有主机屋的用户名，即可进行登录操作，否则需要先注册。

6．单击【注册】按钮，出现"主机屋—注册"页面，如图 7-7 所示。

7．输入相应信息，单击【提交】按钮。

图 7-7　"用户注册"页面

8. 单击【登录】按钮，网页将跳转到登录页面。主机屋目前支持两种登录方式：可通过手机扫码方式（图 7-8 左图所示）或者通过输入用户名、密码方式（图 7-8 右图所示）登录。

图 7-8　"用户登录"页面

9. 登录后点击"免费云主机"栏目。再次单击【立即开通】按钮，出现如图 7-9 所示的参数配置页面，我们可以看到费用为 0 元，直接单击【加入购物车】按钮将该免费产品加入购物车，然后进行结算，完成操作。

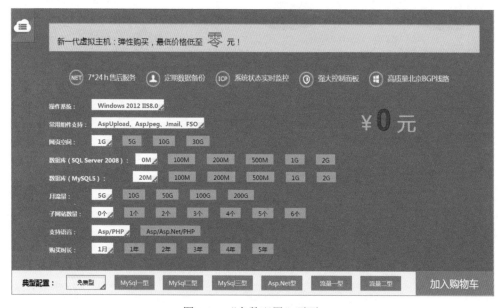

图 7-9　"参数配置"页面

提示　主机屋为了防止有人恶意开通免费空间，要求用户必须进行过实名认证或者保证账户内有不低于 5 元的预存款才能成功购买免费空间。

网络上能提供网站空间的站点非常多，那么，我们在选择网站空间时应坚持哪几个原则呢？

1. 网站空间服务商的专业水平和服务质量。最好选择那些信誉度高的免费服务站点。如果选择了质量比较低下的空间服务商，很可能会在网站运营中遇到各种问题，甚至出现自己辛辛苦苦制作的网站，在未获得任何事先通知的情况下，一夜之间就被清理得干干净净了。

2. 空间。首先要估计一下自己制作的网站大致需要多少存储空间，然后找到相应的站点去申请。

3. 服务。所选择的网站空间附带的免费服务当然是越多越好，最好能提供诸如计数器、留言板、电子信箱等服务。

4. 支持。所申请的网站最好支持 ASP（动态服务网页）或 PHP，并且还可以外挂数据库，这样就可以按照自己的要求，亲自设计有一定特殊要求的反馈表单。

5. 传输方式。指该网站提供何种方式允许申请者将所做的网页上传至网站，为了便于今后的维护，笔者建议一定要选择能用 FTP 方式上传网页文件的站点。

6. 稳定性和速度。这些因素会影响网站的正常运作，一个经常无法访问或者访问速度很慢的网站，是无法吸引到更多访问者的。

上传和下载网站

现在让我们马上将网页传送到我们在上一节中申请到的网页空间中吧。

强大的 Dreamweaver 本身就具有 FTP 上传和下载的功能，并且可以保持远端站点文件、文件夹和本地站点的一致性，从而能很方便地协助用户进行网站管理。

1. 执行【窗口】|【文件】命令，打开文件面板，在【站点】下拉列表中选择【管理站点】命令，如图 7-10 所示。

2. 在弹出的"管理站点"对话框中选中站点列表中要上传的站点 building_site，然后单击【编辑】按钮。

3. 打开"站点定义为"对话框,选择"高级"选项卡,如图 7-11 所示。

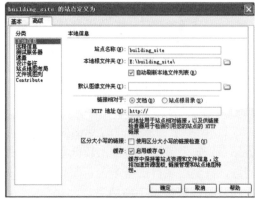

图 7-10　"文件"面板

图 7-11　"站点定义为"对话框

提示　在站点定义对话框的"基本"选项卡中,提供了"管理向导",我们可以在它的指导下,对站点进行管理。

4. 在【分类】列表中选择【远程信息】项,出现远程信息子面板,设置参数如图 7-12 所示。

FTP 主机 IP 地址请咨询网页空间供应商

【登录】和【密码】为上一节申请的免费网页空间的用户名和密码

单击【测试】按钮,可测试能否连接到远端服务器上

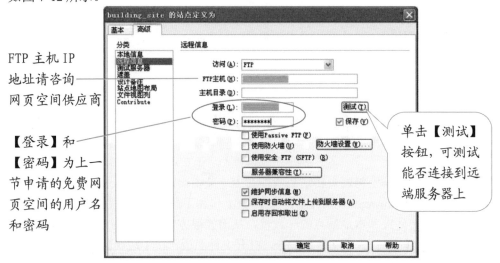

图 7-12　配置"远程信息"

5. 单击文件面板上的【展开以显示本地和远端站点】按钮，切换到站点

管理器面板，单击工具栏上的【连接到远端主机】按钮 ，建立本地与远端服务器的连接。

6. 当 Dreamweaver 成功连接到服务器后，【连接到远端主机】按钮 将会自动变为"闭合" 状态。窗口的左侧显示远端站点的目录信息，右侧显示本地站点的目录信息，如图 7-13 所示。

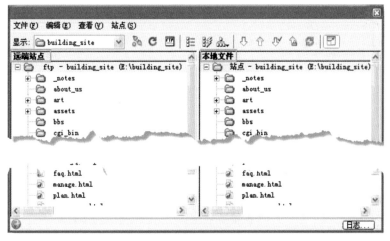

图 7-13 "站点管理器"面板

7. 在本地目录中选中要上传的文件，然后单击【上传文件】按钮 ，即可开始上传文件了。

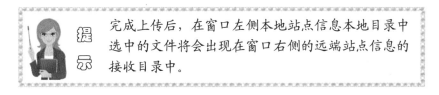

提示 完成上传后，在窗口左侧本地站点信息本地目录中选中的文件将会出现在窗口右侧的远端站点信息的接收目录中。

远程调试

虽然网站在发布之前我们已经对它进行了本地测试，但是这种测试是不够的，访问者真正访问的是我们的远程站点，而网站在上传的过程中有可能产生其他一些错误，因此对于一个完整的网站建设过程来说，远程调试也是必不可少且相当重要的一个环节。

如果站点上传正确，在浏览器中输入正确的主页域名（这也是在申请网页空间时由提供空间的 ISP 提供的）然后按回车键，就可以看到我们的创作成果呈现给整个世界的样子了，如图 7-14 所示。

图 7-14　访问远程网站

本地测试和远程调试在内容上有相互重复的地方，但两者的侧重点和测试要求达到的深度有所不同。远程调试至少应该包含图 7-15 所示的四个方面。

图 7-15　远程调试内容

1．链接关系。主要看页面中是否有断开的超级链接，包括页面、图像等。产生超级链接断开的原因主要有两个方面：一是文件名不正确，这种情况在 Web 服务器为 Unix 或 Linux 等区分大小写的系统时尤其显著。另一个可能的原因是文件的路径不对。在用 Dreamweaver 编写网页时，如果没有预先定义本地站点，文档中所有的超级链接都将使用绝对 URL 地址。这种错误在本机测试时是无法查出的，因此具有很大的隐蔽性。

2．页面外观。同本地测试一样，这方面主要看页面在浏览器中是否能按照预期的效果正常显示出来，主要包括：字体大小、表格间距、表单外观等。

3．下载速度。页面的下载速度同页面内容的多少和 Web 服务器的设置都有关系，尽量多在不同速度的机器上测试下载速度，看能否在人们能够容忍的时间内完成页面的下载。

4．程序脚本。在网站的远程调试阶段，应重点做好程序的调试，特别是对于一些服务器脚本来说，由于本机测试时无法测试这些脚本，因而所有的调试工作都只能留到这一阶段来完成。

站点推广

"酒香也怕巷子深"，网站开通后，就像注册了的公司一样，必须进行宣传推广才能有较大的访问量并带来经济效益，因此，网站的宣传推广至关重要。网站的宣传有多种方式，传统的方式有：电视、书刊报纸、户外广告等大众传媒渠道，当然，我们也可以利用网络进行传播。

1．电视。目前电视还是最大的宣传媒体，如果在电视上做广告，一定能收到很好的效果，但是对于个人网站而言代价过高。

2．书刊报纸。报纸是第二大媒体，也是使用传统方式宣传网站的最佳途径。如果你在建设网站方面有什么心得体会，可以通过报刊发表，在文章的结尾处注明自己的网站地址。如果文章很受欢迎，一定能吸引很多人访问自己的主页。

3．户外广告。在一些繁华、人流量大的地段的广告牌上做广告，如图 7-16 所示的公交站广告。但是这种方式更适合有实力的商业性的网站。

当然，网站的主要活动空间在网络，因此，除了上面介绍的传统方式外，我们也可以像如图 7-17 所示的那样利用网络进行传播。

图 7-16　公交站广告

图 7-17　利用网络推广网站

4. 注册到搜索引擎。注册到搜索引擎，这是极为方便的一种宣传网站的方法。目前比较有名的搜索引擎主要有谷歌（http://www.google.com.hk）、百度（http://www.baidu.com）、搜狐（http://www.sohu.com）、新浪（http://www.sina.com）、网易（http://www.163.com）等。注册时尽量详尽地填写网站的主要信息，特别是一些关键词，尽量写得大众化一些，分类时也尽量分得细一些，这样有利于针对性的搜索。

5．交换广告条。广告交换是宣传网站一种较为有效的方法。登录到广告交换网，填写一些主要的信息，比如广告图片、网站网址等。之后它会要求将一段 HTML代码加入到网站中。这样，广告条就可以在其他网站上出现了。当然，自己的网站上也会出现别的网站的广告条，双方得益。广告交换网主要有太极链（http://www.textclick.com）、火炬广告交换网（http://www.yuanjh.heha.net）、网盟广告交换网（http://www.webunion.com）等。另外也可以跟一些兄弟网站或者朋友的网站交换友情链接，当然最好选择点击率比较高的网站。友情链接包括文字链接和图片链接。文字链接一般就是网站的名字。图片链接包括 LOGO 的链接和 BANNER的链接。标题广告的大小通常为 468×60 像素或 120×60 像素的动（静）态 gif 图片或 Flash 动画。当访问者被广告标题所吸引并单击时，即被链接到广告发布者的网站上，达到网站推广的目的。

6．Meta 标签的使用。使用 Meta 标签是简单而且有效地宣传网站的方法，使用它不需要去搜索引擎注册就可以让客户搜索到网站。将下面这段代码加入到网页标签中，并在<meta name=" keyworks "　content=" 网站名称，产品名称……">content 中填写关键词。关键词最好要大众化，跟企业文化、公司产品等紧密相关，并且尽量多写一些。这里有个技巧：可以将一些相关关键词重复，这样可以提高网站的排名。

通过以上一系列的推广行为，网站必定会得到一定的效果。

提示　　可以将一些相关关键词重复，这样可以提高网站的排行。

至此，我们关于自己动手创建网站的内容已经介绍完毕了，相信你通过对本书介绍的建网站原理及实用技巧的学习和应用，一定可以为自己在网上建立一个"家"了。当然，由于篇幅有限，本书只是对网站建设过程的基本流程进行了介绍，其中还有许多技巧和方法本书并未涉及，读者可参考相关书籍或与我们交流共同学习，期待着早日与你在网上相会哦。